專注力UP！5分鐘居家辦公整理術

[illegible]OK！
[illegible]脫雜物干擾
打[illegible]空間
建立[illegible]效率

日本高效整理收納顧問
米田瑪麗娜 著

哲彥 譯

你有辦法「在家工作、學習」嗎？

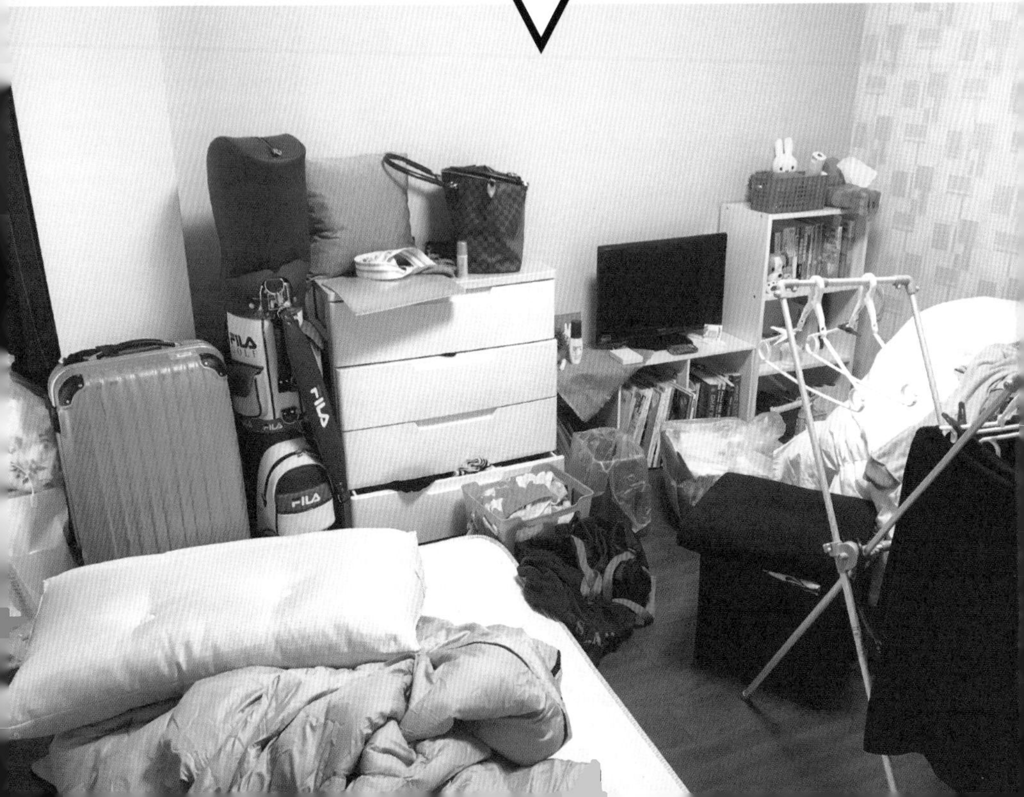

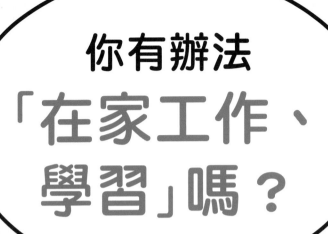

辦公室、咖啡廳、圖書館、旅館……

讓人可以好好專注的場所真是多多益善，因為可以根據當天要做的事、當天的心情、甚至是天氣，選擇最適合的地方。

在這其中，如果能在「**自己家**」專注於工作或學習，沒有比這更好的了。

不過，我也聽到那些「在自己家就無法專注」的人們，提出以下的這些煩惱。

家裡是放鬆的地方，所以無法專注！
做家事佔用太多時間，所以無法專注！
家裡誘惑太多，所以無法專注！
總是會在意一起住的家人，所以無法專注！
房間太小了，所以無法專注！
因為沒有人盯著，所以無法專注！
上班和下班的分界不明顯，不能切換情緒，所以無法專注！

這些煩惱，都能靠「整理」幫你解決。

只要整理，房間就會戲劇性地變寬敞。

不用特地出門，「在家無法專注」

的煩惱，靠整理就能解決。只要整理房間，無論想要專注、放鬆、做家事，甚至是運動，都能隨心所欲。

因為家裡很亂，就讓你認為「在自己家不能專注」，實在是一件很可惜的事。

說不定這是因為你先入為主地覺得「整理太難了」。如果是這樣，就從今天開始改變想法吧。

因為跟你每天的工作和學習比起來，整理收納實在是非常簡單的事。

只要精通幾條「原則」，一生就不會再為整理收納所困。

「咦，原則？」

日本高效整理收納顧問

米田瑪麗娜

Komeda Marina

以100萬份關於整理收納的消費者資料為基礎，
向主婦、上班族提供
整理諮詢服務的收納專家！

不用丟東西也OK！
要做的事情
只有「這些而已」。

整套下來
只要
30分鐘！

❶ 把東西全部拿出來

❷ 按照使用頻率分類

❸ 放在固定位置

❹ 用完就放回原位

別再把無法專注於工作或學習的問題，推給「環境」了。

不用去咖啡廳，也不用到商務旅館開房間，只要在自家打造讓人能專注的環境，就能成為「確實完成想做的事的自己」。

為此，我將分享「一生受用的整理方法」。

前言

整理的新標準

你在家裡工作或學習嗎？

在家也能保持和職場或學校同等的專注力嗎？

雖然準備好了居家辦公的環境，但每隔十分鐘就會忍不住滑一下社群媒體。

焦慮於那件事、這件事都不得不辦，完全無法專注於眼前的工作。

好多東西同時闖進視野，讓人靜不下心。

應該有許多人都有這種煩惱吧？

如果能在家創造與辦公室、咖啡廳一樣，甚至更能讓人專注的環境，

那該有多輕鬆啊？

本書要介紹的，就是**提高居家辦公專注力的房間「整理術」**。

自己的家，是三百六十五天二十四小時營業、免費使用、飲食自由、空調完備、零通勤時間的好地方，只要能自由控制在家工作的專注力，就會成為很有效率的工作空間。就算沒有時間，就算因為天氣和病毒的影響不敢出門，也能持續完成「自己想做的事」。

市面上有許多關於整理的書籍，但其實大多的目標都是「精緻的生活」、「富足的生活」，在這當中，卻沒有把打造適合居家辦公或在家學習的環境，也就是「創造讓人能專注的房間」當成目標的方法。這些收納書介紹的方法，對上班族而言實在很難派上用場。

於是，本書將把目的集中於**「提高工作的專注力」**，並彙整能達成這個目標的方法。

為了每天忙於工作和學習的你，我將介紹不費工，並以最短路徑就能把房間整理好的方法。

無法好好整理的原因不是心態，而是系統的問題

首先，關於整理，許多人都會搞錯以下兩件事。

第一，是在整理上重視「精神論」。

例如「決定東西要丟要留，需要強大的動機。」「除了喜歡的東西以外，都要狠心丟掉。」等等，人們會不自覺把「面對自己的心態」放在前面。

要從捨不得丟東西的心態，變成能丟的心態，不但要花上不少時間，每個人的性格也都不一樣，光靠精神論的收納整理，成果就會參差不齊。

整理不是精神論，而是機械性的技能。

即便是不擅長整理的人，也不需要具備「改變自我的覺悟」。

「沒辦法好好整理」不是性格的錯，單純就是沒有訂好整理的規則，以及房間面積相對於物品的總量過於狹窄而已。可以說問題不在你身上，而是「系統」。只要改善系統，就算房間小、東西多，也能好好整理。

另一個常見的誤會，是期待戲劇性的 Before & After 對比。整理不能期待一朝一夕就能有成果。我很能理解那種「好想三兩下就讓房間變整齊」的心情，不過，要是過了一週，房子就再度變回亂七八糟的狀態，實在是賠了夫人又折兵。不但自我肯定感會降低，甚至可能討厭在家工作這件事。

目標應該是，打造不會故態復萌的房間。也就是維持讓人可以長時間專注的環境。

本書將介紹任何人都能簡單實踐的整理方法。只要遵循步驟，慢慢按部就班整理房子，就能打造不會復胖的「肌肉體質房間」。請不要焦急，反覆閱讀本書，確實並努力地實踐吧。

升級你的整理方法

現在，我白天在新創公司做資料分析工作，晚上在研究所進修，假日則擔任整理收納顧問，對企業或個人提供整理建議服務。令人感謝的是，無論工作、上學、顧問工作，全部都能在線上完成。我喜歡的皮拉提斯、烹飪、看搞笑節目，也全都能在家安逸又自在地享受。

我從小學生時代到現在為止，都靠「在家工作」做出了成果。本書將以我至今為止的經驗，以及透過工作得到的知識和智慧，向各位分享如何打造適合在家工作的房子，以及整理的方法。而且不只是傳遞 Know-How，而是有意識地介紹以科學為根據的做法。

科技的進步，讓現在有許多工作都能在家完成。但關於自家的整理觀念，卻與我們父母的那一代沒有什麼差異，大部分人都還是使用類比的傳統做法。把時間花在看不到成效的整理上，是**相當沒效率的**！

本書的目標，不只是居家辦公的上班族，也是讓家庭主婦、考生、學生，都可以在家營造出能專注的環境，並做出一番成果的「整理方法」。

正因為是新時代，是時候改變至今為止的做法了。

那麼，就開始升級你的整理方法吧。

日本高效整理收納顧問 **米田瑪麗娜**

本書的方法能幫到這些人

①想要不花時間就整理好房間！

②想要打造能專注的環境！

同時實現①②！

本書的結構

STEP1

掌握無法專注的理由與整理的基礎

第1章
提升專注力的
房間整理
基礎

STEP2

實踐整理方法

第2章
整理①
ARCHIVE
（暫時保存）

→

第3章
整理②
SIMPLE
（減法思考）

→

第4章
整理③
SHARE
（分享）

STEP3

打造讓人得以專注的書房空間

第5章
讓人能專注的
房間打造法

- 讀者可以循序漸進活用這些方法，也可從覺得有用的章節開始閱讀！
- 想要快點整理好房間的人，請從第2章開始閱讀。

Contents

『專注力UP！5分鐘居家辦公整理術』

房間小也OK！科學方法擺脫雜物干擾，打造不復亂WFH空間，建立超強工作效率

第2章

越常用的東西要放得越近

——依使用頻率分類的整理+收納法

第3章 講究室內佈置是最後的最後
——絕對不復亂的「減法」思考

Contents

第4章

紙和衣服不用丟棄，而是要分享

——聰明擴充房間的「不持有」整理術

第5章

在你的房間裡也能打造書房

——米田流「精神時光屋」打造法

第1章

書桌上不要放東西

——10秒讓東西物歸原位的整理基礎

這一章是進入具體「整理術」前的準備階段。
你為何在家就無法專注呢？
我們將從理解其理由開始，
接著精通整理的基本。

Method 01

「在雜亂房間無法專心」的科學根據

閱讀時間 3 min

「你又在書桌上擺漫畫書這些東西。**就是因為書桌這麼亂，才沒辦法專心讀書！**」

應該有許多人在小時候，都這樣被雙親叨念過吧。

大多數人雖然發著牢騷，但最後還是會心不甘情不願地把漫畫收好，乖乖坐在書桌前。

究竟書桌上的東西和專注力之間，有著什麼樣的關聯呢？

Evidence

關於這個，普林斯頓大學的神經科學研究所，曾做過一份關於〈給予視覺刺激的種類與專注力之相關性〉的有趣研究（※）。

首先，請看下頁的兩幅插圖。

※「Interactions of Top-Down and Bottom-Up Mechanisms in Human Visual Cortex」Stephanie McMains and Sabine Kastner 2011年

A

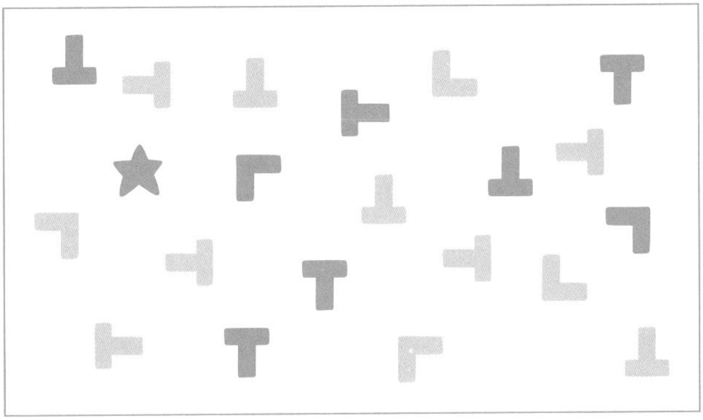

B

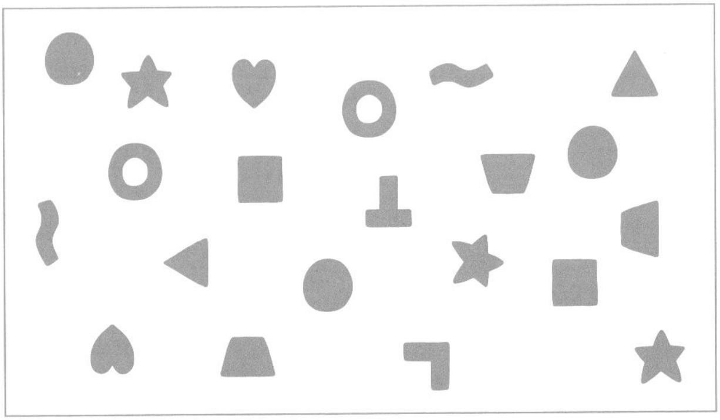

比較兩幅插圖，A和B中，哪一幅「讓眼睛更累」呢？

無論A或B，都散落著方向、形狀各異的圖形，讓視覺感到「疲勞」。但可以說讓人更有混亂印象的，是B。

控制對眼睛的「刺激」

人類在處理視覺資訊時，「由下而上型注意」和「由上而下型注意」這兩種模式會交互作用。「由下而上型注意」是指跟自己的意思無關，進入眼睛的刺激潛在地發生作用。

另一種「由上而下型注意」，則是根據腦中已經決定好的事前資訊，加上先入為主的「偏見」，選擇需要注意的對象。

我們就用第29頁的插圖來解釋吧。請盯著圖A五秒鐘，然後閉上眼睛。

哪個圖案最能留下印象呢？

應該是只有一個且與眾不同的★，最早浮現在腦海中吧。

在一個群體中，若有不同分類的個體，就算數量少，也更容易留在潛在意識中。這就是「由下而上型注意」的特色。

這種刺激，在「工作時無關的東西突然映入眼簾的瞬間」也會發生。

在工作或讀書時突然闖入視野的報帳收據，處理Excel時瞄到的商業雜誌……。**不管我們多努力不在意周遭環境，只要有一個多餘的資訊進入視線，專注力就會不知不覺地降低。**

在前述的普林斯頓大學實驗結果中，也得出一個結論「在視覺中越是加入無法歸納成體系的多種刺激，腦的集中力就會下降」。

簡言之，提高專注力的最大訣竅，就是盡可能從視線裡屏除異物。與手中工作無關的東西，都會成為由下而上型注意的刺激，中斷你的專注，侵蝕腦的CPU。**在工作時想別的事情，或許不是因為你的意志薄弱，而是因為視覺刺激的種類過多了。**比起練就強韌的精神力，還不如快速淨空桌子周圍，更能克制不斷浮現的雜念。

「漫畫不要擺在書桌上，趕快收進書櫃裡」這種爸媽的叨念，其實是藉由不要讓文具以外的東西進入視線，從而控制由下而上型注意的有理建議。

One More Advice

前述的「由上而下型注意」，則可用圖B來說明。如果只是漫無目的地看著，只會覺得「好像有很多形狀」對吧？但是如果先被要求「算出■的數量」，■看起來是不是就格外清楚了呢？

在雜亂的房間裡工作或讀書時，腦中的由上而下型注意和由下而上型注意會不斷競爭，也就理所當然讓人無法專注，一下子就累得渾身沒勁。

〔迅速整理①〕

Method 02

去除擾亂專注力的「未完成任務」

作業時間 3 min

明明想要好好專心工作或讀書，卻開始傳訊息給朋友、剪指甲、整理文具……你有沒有這種經驗呢？

即便埋首工作，「啊，這件事也得趕快做！」只要腦袋想到別的工作，專注力就會馬上中斷。只要一渙散，不管怎麼想著「不專心不行！」也會一直為其他任務分神。

這時候，就需要**打造不會為別的事情分心的環境。**

Evidence

在此我想要談談《搞定！工作效率大師教你，事情再多照樣做好的搞定5步驟》（David Allen著，商業周刊）這本書。

此書介紹了把龐雜的專案細分化，排出正確優先順序並逐一完成的方法（Getting Things Done，簡稱ＧＴＤ）。

我引用書中與整理房間相關的幾個關鍵字。

「不得不做的各種瑣事，不斷雜亂地佔據腦袋。**這就是最浪費時間和能量的事。**」
——Kerry Gleeson

「腦中那些未完成的工作，**會折磨良心、消耗能量。**」
——Brahma Kumaris

「一個地方堆了太多不同的東西，就會讓人每次看到都會不禁想，裡頭到底有什麼？你的**腦為此厭煩，於是就再也無法思考。**」
——David Allen

GTD的基本原則，是把工作和私生活中所有任務細分化，集中在一張列表上，每天消化並更新這份工作表。只要把事情寫在列表上，直到開始著手之前，都可以把它給忘了。腦中永遠只專注於**「正在進行中的一件任務」**。

我們的日常，就是與「未完成任務」的戰鬥。累積要洗的衣服、還沒回覆的同學會邀請、沒考上的證照參考書、小孩的補習班簡介……

只要想到這些「做到一半的什麼」，「腦的CPU」就會被侵蝕。

所以，如果想要盡快開始專心，

就在便條紙上，寫下該做的事情吧。

然後把桌面上的東西

唰～～～～～地整理乾淨。

這樣一來，還沒做完的工作和東西就會從視線中消失。只要有適合保管東西的地方，加上手機的提醒功能，讓它們暫時從眼中消失也沒關係。

就讓我們用整理來構築可以只專注於眼前工作的環境吧。

One More Advice

把還沒完成的工作和東西整理掉，一開始一定會有點抗拒。不過，只要寫在便條紙或是提醒APP上，統一集中管理任務，這些東西就算收起來也會留下紀錄，就能安心許多。

〔迅速整理②〕

Method 03

用照片客觀檢視「多餘的雜物」

作業時間 15 min

在生活中感受到的微小壓力，常常連自己都無法察覺。例如，堆在玄關的紙箱，就算不覺得「痛苦」，也會讓人每次看到它都「嗨咻」一地躲開，這就是一種無謂的浪費。

像這種在無意識中會造成壓力的「多餘的雜物」，每次看到的時候就應該順手除掉它。

希望各位可以先從**「拍照片」**開始。

請毒舌的朋友或是整理收納顧問來家裡，當然也是很好的方法，但我們可以更輕鬆地，用照片客觀地檢視自己的房間。

方法很簡單。

只要一直拍書桌上或是房間的照片就可以了。

重點是，不是要拍桌上或房間整體的景色，**而是從每件東西都能被拍清楚的距離拍攝。**而且要在抽屜和櫃子門都打開的狀態下攝影。

不過，若只是拍桌面上也就罷了，如果要拍整個家裡的照片，就會花上三十分鐘到一個小時。這時不妨先以「在家辦公的一天」為主題，以每天的生活動線為中心拍照。

例如

- **辦公桌周圍**
- **洗臉台**
- **廚房**
- **床周圍**

此外，連接房間和廚房的「走廊」也是每天都會經過的地方。這些地方的照片全都要拍下來。

One More Advice

就算拍照的時候覺得很亂，也先保持原來的狀態。拍完所有照片後，可以在電腦或手機上開一個「自宅」資料夾，集中管理這些圖檔。如此一來，自己把什麼收到了哪裡，都能一覽無遺，相當方便。

保持原貌拍攝

三層櫃裡

洗臉台上的櫃子

Method

04

「用完隨手放」是專注力的天敵！

作業時間 3 min

拍完照片後，請完成以下的問卷。有幾項是符合的呢？

□很多東西沒有固定位置，用完就放在那裡

□比起頻繁使用的東西，手邊放的都是很少用的東西

□畫面裡有這個月一次都沒用過的東西

□放著不該在這裡使用的東西

□有妨礙行動的東西（不移開就無法通過，或是拿不到其他東西）

□為了拿到每天要用的東西，需要兩個以上的動作（開門、取出盒子等都可以算成一個動作）

如果有三項以上符合，就要注意了。你的書桌和房間，是否正處於這種「光看就覺得很忙」的狀態呢？

啊～
不整理不行！！

你的桌上有很多妨礙專注的東西？
一堆待辦任務，光看就覺得好忙！

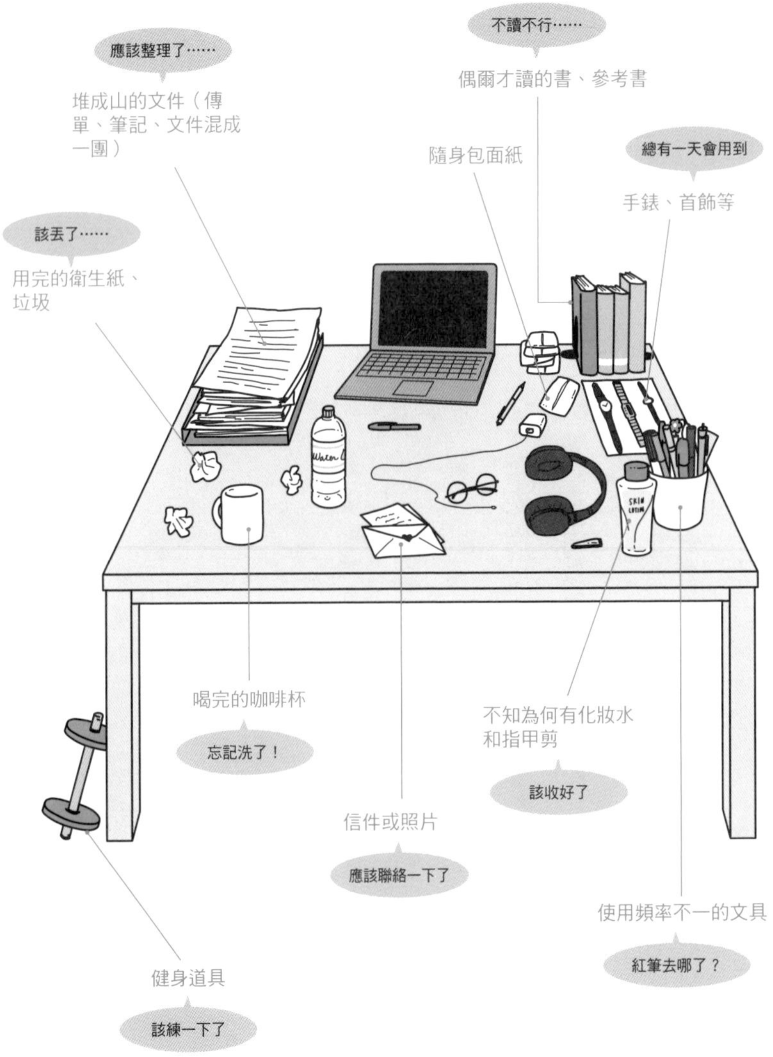

是否已經成為待辦任務的溫床？

Evidence

正如前述，許多雜亂的東西映入眼簾的狀態，會讓專注力低落，工作效率也隨之顯著降低。

微軟研究團隊的一份報告中也指出，多工會讓專注力降低四〇％（※）。

你有沒有正在專心做某項工作時，突然被上司交付別的任務，專注力因而中斷的經驗呢？

雖然也有人做事俐落，可以為多項任務安排優先順序，並且很有效率地完成，但如果從一開始就不讓其他任務在專注的時候來插隊，也無需煩惱優先順序如何安排了。

請看看第41頁的插圖。東西散亂的桌面，就是待辦任務的溫床。

在家辦公，會比在辦公室時，更容易想到私生活（家事、興趣、人際關係）中還沒

※「A Diary Study of Task Switching and Interruptions」Mary Czerwinski他，2004年

做完的事。所以工作上用不到的東西，就不要讓它們進入視線。

如果不好好整理一天當中長時間待著的地方，就會在沒效率的狀態下工作。當然，生產力也只會下降。像書桌或客廳桌子這些長時間坐著的位置，如果有多項符合前述的檢測表，請即刻開始整理。

One More Advice

有許多煩惱於「居家辦公很難區分上班和下班」的人，都在下班時段依然把工作用的東西放著不整理。如果是吃飯和工作使用同一張桌子的人，特別要注意這點。吃飯的時候，是不是也看得到工作的文件和電腦呢？工作完了就收拾乾淨，把它當成下班的信號吧。

Method
05

書桌上的預設值為「0」

作業時間 10 min

那麼，理想的工作桌面應該是什麼狀態呢？

左邊的照片是錯誤的例子。跟第41頁的插圖一樣，呈現今天要用的東西、用不到的東西、垃圾通通雜陳在一起的混亂狀態，也是得花時間才能找出必需物品的沒效率狀態。

特別是**「不同類別的東西處於同一個空間」這一點，讓生產力直線下降**。

每次要從許多東西當中找到必要的物品，都要動用到眼睛和神經，這樣就像是每天不停地在玩「尋找威利」一樣。

上面的照片也是錯誤的例子。雖然比起上一頁的照片，清掉了垃圾，也只留下和工作相關的物品，看起來像是「好的狀態」。

但是，桌上本來就不應該是擺東西的地方，而是用來工作的空間。

如果是大桌子也就算了，但桌上越擺東西，就會變得越小。在上圖的情況中，**書和文具都是不需要的東西**。請試著讓桌面歸零一次看看。

上圖正如文字所述，是東西數量為零的狀態。適合專心的理想環境，就是桌面上沒有雜物的狀態。

請極力減少「以為該擺放在桌面上」的東西。

物品和資料不同，不會留下正確的使用紀錄。所以，我們很可能放了很多不該放在桌上的雜物。

為了更容易客觀判斷「用過了／沒在用」，在著手整理前要先拍照。然後一邊看著照片，一邊做出「這個垃圾要丟掉」「這個沒有在用，所以要處理掉」等判斷。

One More Advice

就算沒有工作用的書桌，而是在餐桌上工作的讀者，也請徹底實行這條原則。沒有必要讓餐桌上的鹽或醬油瓶進入視野。吃飯時被用完就放的文件包圍，也很不健康。工作前請讓桌面回到「零」的狀態，以打開專注力的開關。

〔書桌簡單整理②〕

Method 06

書桌周圍的每週存貨週轉率應為「1以上」

作業時間 5 min

接著讓我們開始處理書桌周圍吧。

「書桌周圍」的定義是，以桌子為中心，半徑一公尺（＝大步跨一步的程度）的範圍。在這範圍內的物品中，有多少是「這個禮拜一次也沒用過」的呢？

如果你的答案是多得數不清……

這種狀態，就是**沒效率**！

在流通業等產業使用的「存貨週轉率」，是「在一段期間中，庫存商品週轉了幾次」的指標，這也可以應用到整理上。

放在書桌周圍的物品，每週的使用頻率，也就是存貨週轉率，應該在「1以上」。

覺得「要算出所有東西的存貨週轉率，也太麻煩了吧……」的讀者，也請放心。

桌子周圍只放每週會用到一次以上的東西。

只要遵守這條原則就可以了。

就如下面的照片，桌面上什麼都沒有，桌子的周圍（照片藍框中）也只放每週會用到一次以上的東西。

前一個方法提到「書桌上的預設值為『0』」，要實現這件事，桌子周圍就必須擺個三層櫃（如果在辦公室，就請活用桌子下的抽屜）。

然後，存貨週轉率在1以上的電腦相關器材、文件、文具等工作用品，不是擺在桌上，而是收進三層櫃（抽屜）裡，並依照使用順序決定位置。

這樣一來，工作開始時就把必要的東西拿到桌上，做完工作也能迅速讓東西回到原位。

障礙物越少，跑得越快

在此，我也想提一下提高存貨週轉率能帶來什麼效果。「用不到的東西，放在用得到的東西前面」的狀態，就像跑五十公尺時，途中出現跨欄一樣。欄架出現兩座、三座，不但會拉長抵達終點的時間，甚至會讓人覺得跑起來真麻煩。

要從許多東西當中選出一樣，會用到眼睛和神經。桌子周圍如果散落著用不到的東西和垃圾，工作速度就不得不減速了。

雜物會成為工作的「障礙」

雖說如此，桌子周圍完全不放東西的狀態，反而會增加無謂的移動，也很沒效率。像是工作時擤鼻涕，如果附近沒有垃圾桶，站起來丟垃圾的時候就會讓工作中斷。這時就可以把常用的垃圾桶放在桌子附近。

男性的手臂平均長度是七十三公分、女性則為六十七公分。把必要的東西放在一公尺（一百公分）內，只要伸手或輕輕抬起腰就能使用，工作也不會因此被中斷了。

頻繁使用的東西，就放在半徑一公尺內。

光只是這個小小的設計，就能驚人地讓桌上辦公變得舒服。

One More Advice

就像衣服要換季，三層櫃和桌子周圍，也要定期地換季。已經結束的專案文件，或是最近沒有在用的3C用品，你是不是就放在桌子周圍不管了呢？每個月一次，在月底的時候，檢查一下有沒有東西是這個月一次都沒用過的吧。

〔書桌簡單整理③〕

Method 07

刻意放點東西也無妨

作業時間 4 min

Evidence

不擅長整理的讀者中，

應該也有人會說：

「有點亂反而可以放鬆，我覺得這樣比較好」。

與本書目前為止提倡的或許有點矛盾，但「太整潔反而會讓人無法放鬆」，在科學上似乎也是正確的。

根據〈居住空間的凌亂程度與壓力間的關係之研究〉（東京大學研究所新領域創成科學研究科，千島大樹、二瓶美里、鎌田實，二〇〇八年），適度的凌亂，可以減輕壓力。

在這份實驗中，檢測了健康的年輕人在進入六疊（譯注：一疊等於一・六二平方公尺，約為一張榻榻米大，是

雜物太少也會造成壓力

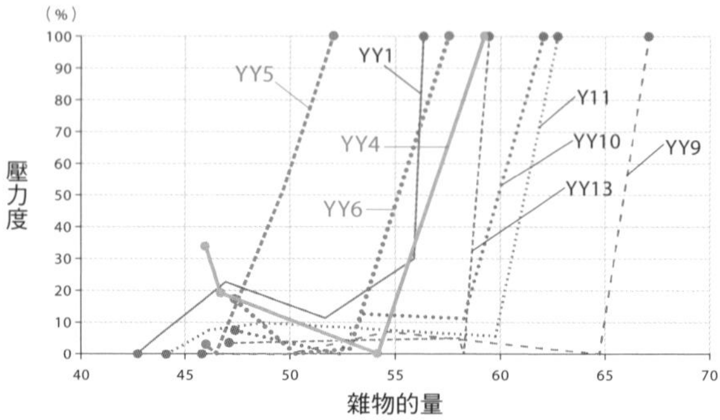

此表根據〈居住空間的凌亂程度與壓力間的關係之研究（圖 4、澱粉酶增加率與 AoG 的關係）〉繪製

日本常用的面積單位）大的「凌亂房間」和「整潔的房間」後，唾液中澱粉酶的增加率，藉以測量壓力指數。

實驗房間的凌亂程度分成五個階段，實驗者在每個房間的停留時間為三十五分鐘。

上圖是呈現結果的圖表。橫軸是「雜物的量（越向右就越凌亂）」，縱軸則是「壓力程度（越向上就越煩燥）」。

雖然整體的趨勢是「空間越凌亂，壓力就越強」，但也可看出，**會導致壓力提高的雜物量，也因人而異**。有些敏感的人，只要雜物稍微變多，就會瞬間感到壓力，也有遲鈍的人，直到房間塞滿雜物都不覺得有壓力。此外，一部分的受測者（3人＝圖中的藍線），在東西過少的房間裡時，壓力指數反而更高。

你在住商務旅館的時候，是覺得「好清爽，住起來真舒服」？還是覺得「沒有人味，讓人無法放鬆」呢？

雖然這因成長環境與性格而異，但也有人比起「把東西減到最少的極簡狀態」，更覺得**「有些東西散落著的狀態」比較舒心**。

從0的狀態補上植物或玩偶

話雖如此，要維持「整理得恰到好處、散亂得恰到好處」的狀態，也是相當困難的。雖然想要讓東西亂得恰到好處，放著不管的東西卻會提醒那些「未完成的任務」，讓人感到不安，結果就是妨礙專注力。

屬於「太整潔會無法放鬆」的你，可以先從

①把「跟工作無關的東西」全部移出視線

②補上家飾小物

這兩個步驟開始。

首先依循本書的步驟，讓工作桌上呈現「零」的狀態，整理完畢後，再補上植物或玩偶等家飾小物。

One More
Advice

在做需要創造力的工作時，在桌上擺放跟工作有關的物品，可以刺激想像力。我在執筆寫作時，也會把跟主題相關的書籍或照片刻意堆在桌上，或是把紙膠帶、螢光筆整齊排好，提升寫作的情緒。

理想的工作桌狀態

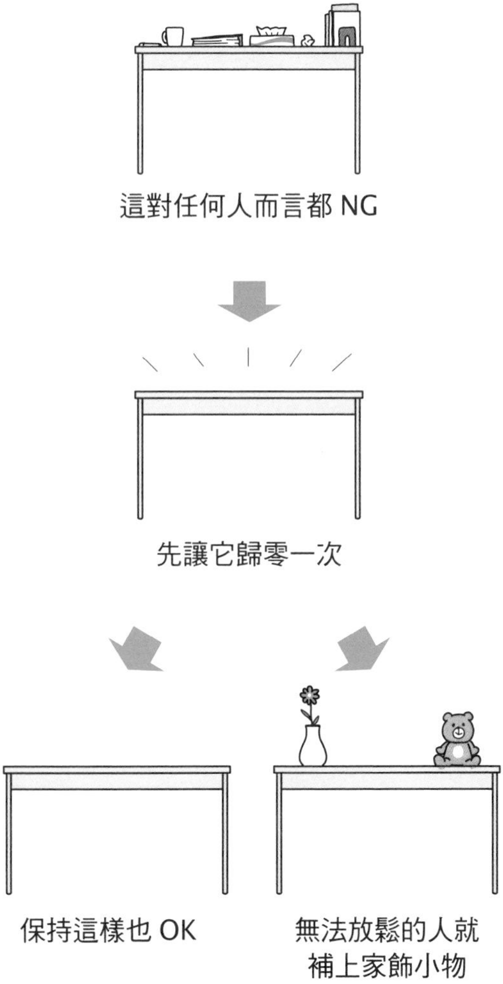
這對任何人而言都 NG
先讓它歸零一次
保持這樣也 OK
無法放鬆的人就
補上家飾小物

Method 08

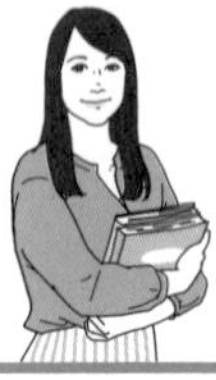

「整理」和「收納」要短時間且頻繁地實行

閱讀時間 2 min

就算下定決心「來整理吧！」並花上整個假日，但要在一天內完成所有任務也相當不容易。

整理和健身一樣，與其花費長時間一口氣做完，不如短時間且頻繁地重複實行，維持整理好的狀態。

首先，我把整理粗分成三種工作。

- 整理（定義每個東西的意義）
- 收納（把東西配置成容易使用的狀態）
- 整頓（用完的東西放回固定的位置）

接著對每項工作，設定「時間規則」。

① 「整理＋收納」，以三十分鐘為一組（在假日等有空閒的時候進行）
② 「整頓」每天只花五分鐘

只要遵循這些規則就可以了。

要把整個家整理完，據說平均要花二十～三十小時。想在一天之內整理完，是難如登天的任務。

所以，就把「整理＋收納」簡化成三十分鐘一組，並且只做不勉強自己也能完成的組數。

就像健身課程一樣，首先做好一組，有餘裕的時候再加到兩組、三組。反覆一組一組做下去，直到「東西好像都有固定位置」的時候，「整理＋收納」就完成了。

整理就像是健身

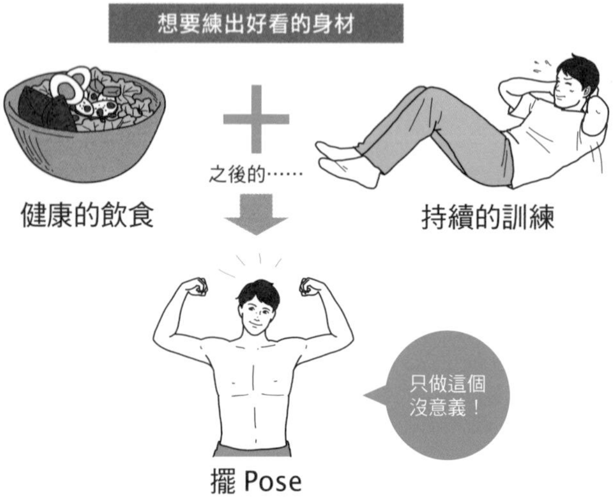
想要練出好看的身材
健康的飲食
之後的……
持續的訓練
擺 Pose
只做這個
沒意義！

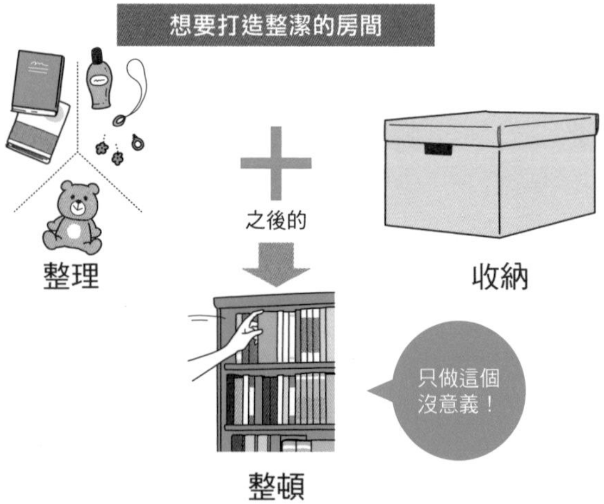
想要打造整潔的房間
整理
之後的
收納
整頓
只做這個
沒意義！

越是不擅長整理的人，越容易跳過「整理＋收納」的步驟，就從「把亂丟的東西藏起來」的「整頓」工作開始。在東西沒有固定位置的狀態下重複整頓，每次把東西拿出來就無法物歸原位，散亂馬上就會復發。

這就只是浪費時間而已。雖然有點辛苦，但首先就利用假日，確實著手「整理＋收納」，不要焦急，好好持續下去吧！

若能做好「整理＋收納」，「整頓」就能在一天五分鐘以內，輕鬆又完美地完成。

「整理＋收納」的具體方法將從第62頁開始，關於「整頓」則將在下一節詳細說明。

One More Advice

不能好好整理房間的原因，九成在整理上。收納和整頓無須技能，任何人都能辦到。如果不按照整理↓收納↓整頓的順序進行，就會變成復亂的原因，請務必注意。

Method
09

整頓工作
每天控制在5分鐘內！

作業時間 5 min

「一收拾完桌上的垃圾，就會開始在意亂七八糟的書櫃跟文具盒，不知不覺就花了好幾個小時在整理上……」說不定你也有過這種經驗吧？

如果用這種「花好幾個小時一口氣整理」的方法，會提升整理的心理難度，就無法養成定期的習慣。

工作很忙的人，最好訂下**「平日的整理不要超過五分鐘」**的規則。而且不要管「整理＋收納」，只要「整頓」就好。只專注於把用完的東西放回原處。

平日沒做的份，就在週末做三十分鐘一組的「整理＋收納」，並重複好幾組。不管多忙的人，在等衣服洗好的時候、等宅配的時候，只要把「三十分鐘」放在心上，就能挪出時間來。

Evidence

這時的大忌，是貪心於長時間持續整理。據說**人類每天能做好判斷的次數是有上限的**，蘋果前執行長賈伯斯和美國前總統歐巴馬，為了讓自己可以專注於重要的決策，乾脆限制每天穿的衣服種類，這故事相當有名。

收拾東西，特別是「整理」，是需要思考力和決斷力的工作。我提供整理收納顧問服務的客戶們，只要專心整理個兩小時，就都會累得不行了。

整天都在做重量訓練，只會獲得嚴重的肌肉痠痛，並不會提升多少成效。為了不要讓大腦疲勞影響隔天的表現，假日的整理請把一組三十分鐘、每天最多四組當成上限，平日則進行每天五分鐘以內的整頓，不勉強自己地持續下去。

One More Advice

「整理＋收納」就算一開始要花上不少時間，也會漸漸變得有效率。不妨用鬧鐘或碼表設定三十分鐘，再開始專心整理。

Method
10

暫時重複「拿出來→分類→決定→放回去」

作業時間／每組30min　30min

我在「前言」中也曾提到，在「整理＋收納」時，有一項忠告要告訴各位。

整理時，不要期待戲劇性的Before & After對比。

看電視節目的大掃除改造特輯，會讓人留下房間一瞬間就變整潔的錯覺。

不過，一般人是很難這麼做的。整理的基本，是一次又一次地、仔細又不帶情緒地反覆執行。等到回過神來，讓人能專注於工作或學習的房間就已經完成了。實在是不能期待一天之內能有戲劇性的變化。

再者，無論整理哪個地方的東西，都要把以下的流程放在心上。

①全部拿出來
②按照使用頻率分類
③決定固定位置
④用完放回原處

聽起來好像讓人很沒勁，但基礎就只有這些而已。

不過，只要把這個流程放在心上，**不管怎樣的房間都一定可以整理乾淨**。

反過來說，如果省略①的「全部拿出來」這個步驟，就算房間整理得看起來好像很整潔，也只是虛有其表，只要過幾天就一定會故態復萌。

如果抓不到這個流程的感覺，可以從錢包開始練習。（整理收納顧問一級教材的第一章裡，也有出現錢包的整理。）

整理錢包的流程

①把錢包裡的東西全部拿出來放在桌上
②將信用卡、集點卡等東西按照使用頻率分類
③思考放在哪裡最妥當，決定固定位置
（越是常用的東西，就要放在越容易拿出的口袋。不常用的則放到錢包以外的地方保管好）
④買東西用完卡片後，放回錢包的固定位置

首先可以利用假日，試著遵循下一頁的整套流程，整理一次工作桌。隔週的假日可以收拾洗臉台，再隔週的假日收拾廚房，像這樣按照使用頻率的順序，像集點遊戲一樣，在家中每個地方實行整理的流程就可以了。

一組
30分鐘

整理的基本流程

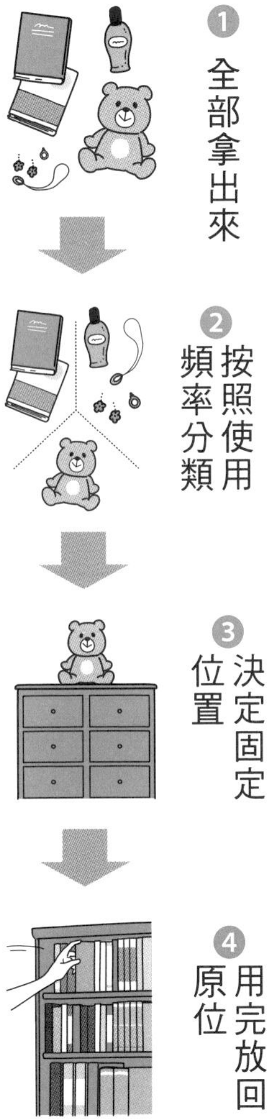

1 全部拿出來
2 按照使用頻率分類
3 決定固定位置
4 用完放回原位

我不斷強調，短時間集中的、只重視表面的整理，只消幾天就會變回原樣。我推薦的做法雖然乍看很樸實乏味，也請在每個週末確實地執行每組三十分鐘的練習。只要經過兩個月左右，就能造就一輩子都很整潔的房間。

One More Advice

整理的時候像唸咒語一樣重複「拿出來、分類、決定位置、放回去」，就能漸漸養成習慣。雖然這麼做好像有點丟臉，但還是值得一試。

Method 11

像管理檔案一樣整理房子

閱讀時間 4 min

在第一章的最後，讓我們再度確認一次本書的目標。

如果這個也想要、那個也想要，對所有事的理想拉得太高，無論過多久，整理都不會看到盡頭。

本書把目標集中在「提高居家辦公的專注力」。我想要設計的是，無論工作或學習，讓人可以專注於某件自己想做的事，並有助於效率化的房間。

其實，想要打造提升專注力的房間，有個「秘技」。只要像整理資料一樣整理你的房間就可以了。

豐田式「5S（整理、整頓、清掃、清潔、素養）」管理法，示範了職場是否整理整頓，也會影響組織的生產力。

Evidence

在各位的職場中，是否也有設置關於整理電腦裡的檔案、櫃子裡的文件的社規，或是專門請人來管理這些事情呢？

讓每個人都能一眼看出哪裡有什麼。雖然大家都忙於工作，辦公室還是能維持整潔。正是這種狀態，才可被稱為「高生產力的職場」。

個人的房間基本上也一樣。本書的整理方法，**就像是在管理電腦裡的檔案一樣整理房子。**

以下有三個關鍵字。

①「ARCHIVE（暫時保存）」②「SIMPLE（減法）」③「SHARE（分享）」。

讓我們一個個看下去。

〔STEP 1〕只要「ARCHIVE」整理就不可怕

首先，「ARCHIVE（暫時保存）」主要是在整理文件或電子檔案時使用的詞彙。意思是**「把沒有要馬上用到，卻也不想刪掉的檔案，移到專用的儲存空間保管」**。

例如，想整理Gmail的收件匣時，可以不用刪掉郵件。那些重要度、緊急度較低的郵件，只要橫滑一下，就能封存。雖然在每天用的資料夾裡會「看不見」，但當需要用到的時候，只要打開「所有郵件」，就能再度閱讀這些郵件。我們也可以用同樣的要領整理房間。

在整理房間時，許多人會同時進行「分類」和「捨棄」。不過如果要同時做完兩件事，整理就會充滿壓力，讓人感到挫折。

這時就可以像管理檔案一樣，**「首先把東西按照時間序 ARCHIVE 起來」「以後再丟掉」**。分成兩個階段，就可以沒有壓力、高速地推進整理進度。

就算之後覺得「我果然還是不想丟掉那件T恤！」，也因為有暫時保存，可以直接把它放回衣櫃裡。不用當場決定「要丟還是不丟」，精神上是不是就輕鬆多了呢？

我將會在第二章繼續詳述。

〔STEP 2〕打造「SIMPLE」的房間要靠「減法」思考

接著是「SIMPLE（簡約）」。要實現它，就得靠「減法」。

整理房間時，只要利用讓多餘的東西從視線裡消失的「減法」思考，就能以驚人的速度收拾完。

只要減少房間裡的物品，就能獲得不用思考也可輕鬆維持整潔的房間。

想要講究室內佈置，是整理完房間以後的事。也不要在還沒收拾完房間的時候就買收納小物。基本是「Simple is Best（簡單為上）」。每天很忙的人，越應該把「在停止思考的狀態下也能輕鬆拿取並歸位物品」的簡約房間當成目標。

我將會在第三章繼續詳述。

〔STEP3〕若無法丟棄，那就「SHARE」

最後是「SHARE（分享）」。

要有效利用有限的空間，最重要的是「提高放置物品的使用率」。

日本都會區的住家，每年都在狹小化。以全世界的角度看，我們住的房子實在是過於狹窄，所以東西收不完也是理所當然的。大部分的人，光是把這個月會用到的東西放好，房間裡的泰半空間，就會被佔滿了。

這時，可以把那些無論如何都想持續擁有的包包、家電放到倉儲空間，把沒有必要留下紙本的書籍資料數位化。如果公司或社區用得到就捐出去，朋友或同事用得到的東西就送出去。名牌奢侈品則拿去賣掉。

不是「丟掉／留在房間」的二選一，而是為物品設下多種出口。

然後，這個月沒有用過卻捨不得丟的東西，就SHARE它吧。

我將會在第四章繼續詳述。

正如我在本書開頭所述，整理不是精神論。

此外，明明每天已經很忙了，如果還要把大量時間投注在整理上，也是很荒謬的。

「不會整理的性格」並不存在，就像工作上的一般事務，只要遵循指南、不帶情緒地進行，無論是誰，都能在短時間內得到相同的成果。

若能把「ARCHIVE」「SIMPLE」「SHARE」這三個關鍵字放在心上，就可以輕鬆整理好房間。

從下一章起，我將具體介紹實踐這三個階段時的重點。

One More Advice

比起居家設計雜誌，更值得作為整理收納參考的是「辦公室」。如果你的公司或業務往來的廠商、客戶，是那種整理得很好的辦公室環境，請一定要好好觀察。整潔的職場，一定都有貫徹「ARCHIVE」「SIMPLE」「SHARE」這三點。在辦公室以外，物流中心或零售店，各種職場都可以是整理的模範。

第2章

越常用的東西
要放得越近

——依使用頻率分類的
整理＋收納法

ARCHIVE（暫時保存）的東西，
你是否覺得應該按照物品屬性分類整理呢？
其實如果按照時間序列整理，
不僅不容易散亂，也可以預防房間再度變亂。
本章將介紹依照「每日、每週、每月、每年」
這四個資料夾，整理東西的方法。

Method 12

「整理」不是丟棄，而是分類

作業時間 10 min

降低整理物品難度的訣竅，首先就是**「ARCHIVE（暫時保存）」**。

換句話說，就是**「像管理檔案一樣地整理物品」**。

整理東西時，許多人都是手拿著大垃圾袋，想要瞬間判斷是要「留下」或「丟掉」。因為東西丟掉以後就沒有了，大家都會小心翼翼地丟，但做這些決定實在讓人充滿壓力。

另一方面，大多數的檔案都不需要馬上決定「留下」或「丟掉」。現在用不到的檔案，不用刪掉也可以暫時ARCHIVE，只要還有容量，就能讓它們在資料夾裡面休息，等到必要的時候，再從資料夾裡取出就好了。

也就是說，利用暫時保存檔案的要領，不是丟棄物品，而是按照「資料夾」分類，並ARCHIVE它們。只要決定好分類時的「規則」，就不用一一決定要丟還是要留，精神上和體力上都不再有負擔。

把東西分成四個資料夾

那麼，就讓我們馬上開始分類家裡的物品吧。

分類東西的訣竅是，以「使用頻率」為主軸做出資料夾。只要分出使用頻率資料夾，分類就會非常輕鬆，整理也更有效率。

我推薦的分類資料夾是以下四種。

①每日資料夾（今天用過的東西）
②每週資料夾（一週內用過的東西）

③每月資料夾（一個月內用過的東西）
④每年資料夾（一年內用過的東西）

像這樣，按照使用頻率分類物品。

如同前述，整理的基礎是**「把東西全部拿出來」**。整理公司的文件時，如果不知道「這是什麼文件？」就無法正確歸檔吧？自家的整理也一樣。為了清楚了解跟桌上工作有關的東西到底有多少，請先把它們集中在一個地方。

請把散落在自家各處的文件、3C用品、文具、書等等，跟工作相關的物品，全部放進紙箱（或是紙袋）裡。

接著，把收集到的這些物品，一件一件拿出來，按照每日、每週、每月、每年，分

類到四個時間軸資料夾裡。

分類的標準是「最近一次用到這個東西是什麼時候？」。「今天用過的東西」就放在①每日資料夾，「這週用過的東西」就放在②每週資料夾。

丟或不丟的判斷，我們暫且延後一下。以最近的使用績效為根據，不要交給主觀意識，請不帶情緒地分類物品。

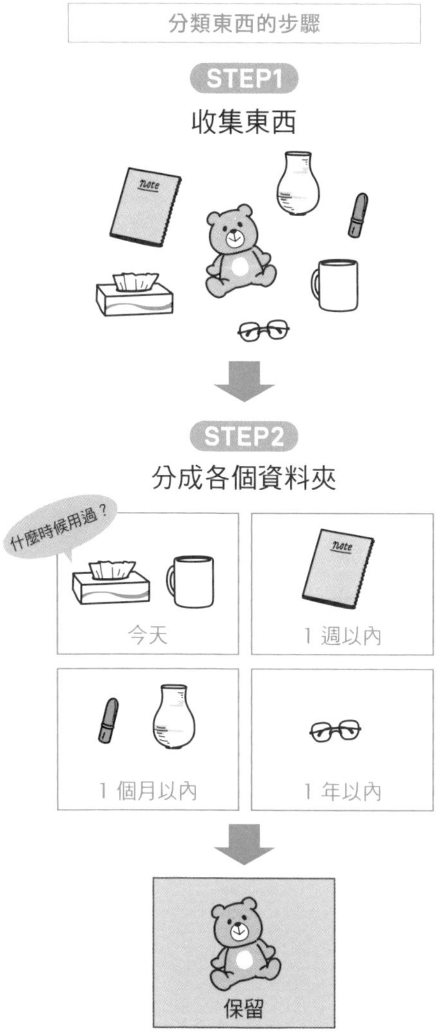

1 年以上沒用過的，或是有回憶的物品，
就放進「保留（猶豫中資料夾）」

如果四個資料夾都不適用（一年以上沒用過的東西），就請放進「保留＝猶豫中資料夾」的箱子。像玩偶或是相框這類物品，因為按照「使用」的觀點無法套用於任何一個時間資料夾，就先放入「猶豫中資料夾」。關於「猶豫中資料夾」的整理法，請參考第104頁。

分類完資料夾後，就可以決定東西的固定位置了。

基本上，應該從優先順序高的物品開始，**按照每日資料夾↓每週資料夾↓每月資料夾↓每年資料夾↓猶豫中資料夾的順序，在家中設定擺放位置**。

讓我們從下一節開始，一個個看下去吧。

One More Advice

除了玩偶和相框，像是一直沒有在讀的參考書這種「雖然想使用，實際上卻沒有在用的東西」，也應該分進「猶豫中資料夾」。判斷的標準要基於事實，不是未來的「想用」，而是最近實際「有沒有使用」。

〔每日資料夾的規則〕

Method
13

「每天用的東西」的收納法

閱讀時間 4 min

在你的房間裡，「上班用包」「遙控器」「眼鏡」的固定位置在哪裡呢？

如果是隨性放在桌上或沙發上……這就是**沒效率**！

每天使用的東西，請給它們一個最容易拿取跟放回的固定位置。

應該不少人都會把每天要用的筆和記事本就這麼放在桌上。不過，每天使用的東西是否有放回固定位置，會大大左右房子給人的印象。隨手放的東西一多，就會滲出生活感，看起來也就雜亂了。

我並不是要叫大家「每天要把拿出來的東西好好整理，變成一絲不苟的性格」。而是如果不想給自己添無謂的麻煩，與其東西用完就隨手放，還不如為它們決定能輕鬆歸位的固定位置。

每天要用的東西，請收納在使用場所的附近。

如果是每天要在工作桌上使用的物品，就放在桌子周圍（半徑一公尺以內）。決定收納位置時，請把「順手區（Handy Zone）」（參照下頁）放在心上。坐在桌子前的狀態下，把手橫向伸直的位置，就是最適合擺放每天使用的東西的地方。只要把每天會用到的物品放在順手區裡，拿取和歸位都會變得相當輕鬆。

我想要介紹一下在我家的工作桌旁大為活躍的三層櫃是如何配置的。

當我坐在桌前時，櫃子最上層就會是我的順手區，所以請按照這樣的原則收納。

- 第一層＝每天使用的物品
- 第二、三層＝每週使用的物品

每天＆每週使用物品的收納範例（以三層櫃為例）

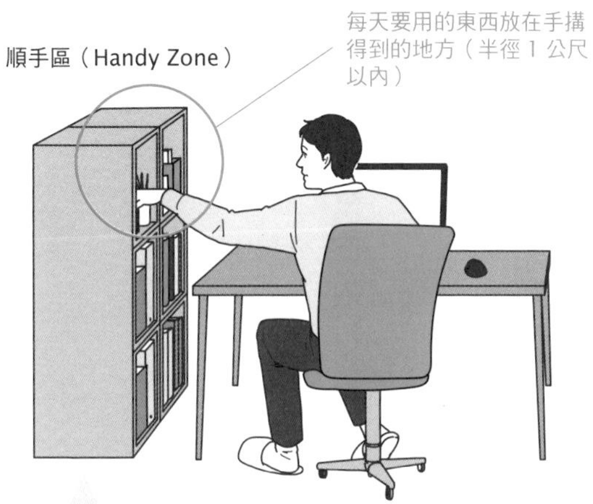
順手區（Handy Zone）
每天要用的東西放在手搆得到的地方（半徑1公尺以內）

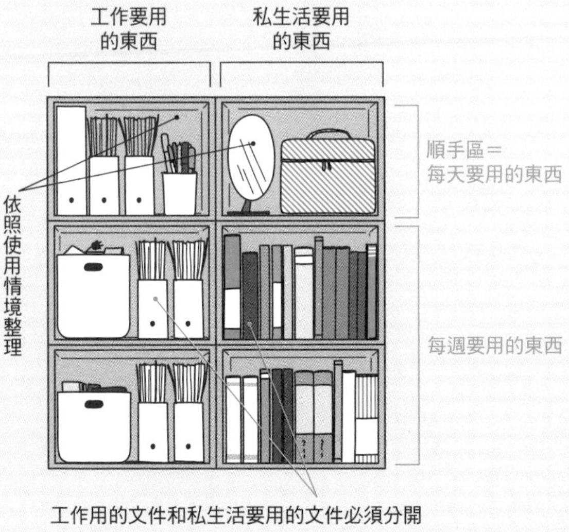
工作要用的東西
私生活要用的東西
順手區＝每天要用的東西
每週要用的東西
依照使用情境整理
工作用的文件和私生活要用的文件必須分開

我不只會用這張桌子工作、讀書，也會在這裡化妝、保養皮膚，所以我也把每天要用的鏡子、化妝道具收在第一層裡。

順手放回大籃子或盒子裡

收納每天要用的東西時，有幾個重點。

第一個是，**利用容易取放的盒子，立著收納東西**。佔空間的文件，放進透明文件夾裡，豎著排進下圖的檔案盒中，再收進層櫃。

電腦和充電線也放進檔案盒裡，就能清爽地收納。

另一個重點是，**要按照使用情境為物品分組**。

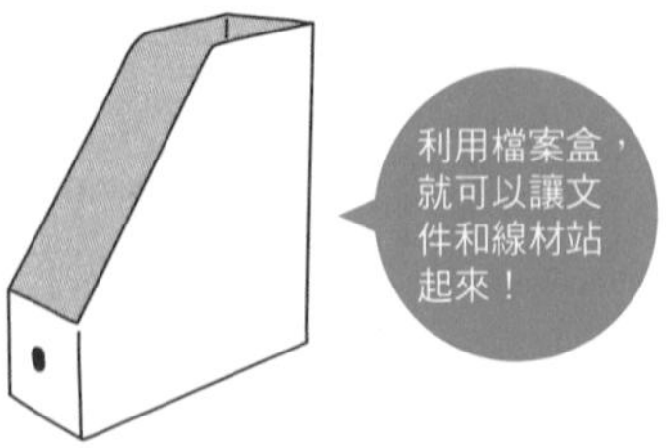

請檢查一下你工作桌上的文具盒。每天要用的筆，和幾乎沒在用的釘書針，是不是擺在同一個地方呢？這樣就沒辦法馬上拿出需要的東西。

收納的分組，不是按照「文件、文具……」等物品屬性分類，而是「每天要用的東西、這週要用的東西」「學習時要用的東西、休息時要用的東西」等，按照「使用頻率和使用情境」。

以我個人為例，我不只會把每天要用的筆放在桌子周圍（還沒開過的筆會放在廚房的「備品放置處」），也會放在玄關（簽收包裹用）跟冰箱（寫食品標籤用）。

如果只把筆放在書桌附近，每次要簽收包裹的時候就得跑到書桌旁邊拿。以使用情境為前提配置物品，就可以省下時間和麻煩。

明明已經定好每天要用的東西的固定位置，用完卻還是不能馬上放回原位，很有可能就是位置選得不好。

個性越是軟爛的人，越應該大膽減少順手區裡的物品數量，並改成「輕鬆放回大籃子裡」這種，靠簡單動作就能拿取和歸位的設計。因為把東西撇在地板上，跟丟進籃子裡，就工作量而言，幾乎沒什麼差別吧？

One More Advice

喜歡買那種有很多抽屜的收納用品的人，也要注意了。像開抽屜或檔案夾這種「放回原位所需的動作數」一旦變多，物歸原位就會變得很煩人。習慣把東西用完隨手丟的人，應該改成像幼稚園的玩具箱那樣，丟進去就完事的簡單收納。

〔每週資料夾的規則〕

Method 14

「每週用的東西」的收納法

閱讀時間 4 min

決定好每天要用的東西的固定位置後，接著就是「每週要用的東西」。

跟每天要用的東西一樣，每週要用的東西，也應該放在使用位置的附近（請參考第81頁的插圖）。不過，要注意別跟每天要用的東西混在一起了。

假設你在一家零售店工作。在每天客人給你的一堆集點卡中，如果混進了每週只發一次的折價券，每次想拿出來都要分類，實在很麻煩對吧？

化妝品也一樣，不應該把每天用的東西跟只有週末要用的放在一起。

此外，就像工作時要用的參考書和休息時讀的小說要分開、平日穿的衣服跟假日穿的衣服也要分開，**別忘了按照使用情境為東西分組。跟「每天用的東西」一樣，不是按照物品屬性分類，而是依照頻率、情境分類**。

然後，分在同一個群組的東西要放在一起。例如我有在泡澡時閱讀的習慣，所以會在浴室的籃子裡放一、兩本書。

也不用煩惱是不是從一開始就得徹底分好類，可以先做一週的實驗看看。做法是，先把分類在「每週資料夾」的東西全部放進紙袋裡，再依照用過的順序，一一放回三層櫃裡。

一週後，這些放回的位置，就是最適合那個物品的固定位置。如果是每週用不到一次的東西，就可以收進「每月資料夾」或「每年資料夾」。實際上，有不少東西雖然每個月只會用到一次，我們卻會誤以為「每週都有在用」，這個實驗可以讓我們嚴格確認其使用頻率。

每日＆每週使用物品的收納範例（以洗臉台上的櫃子為例）

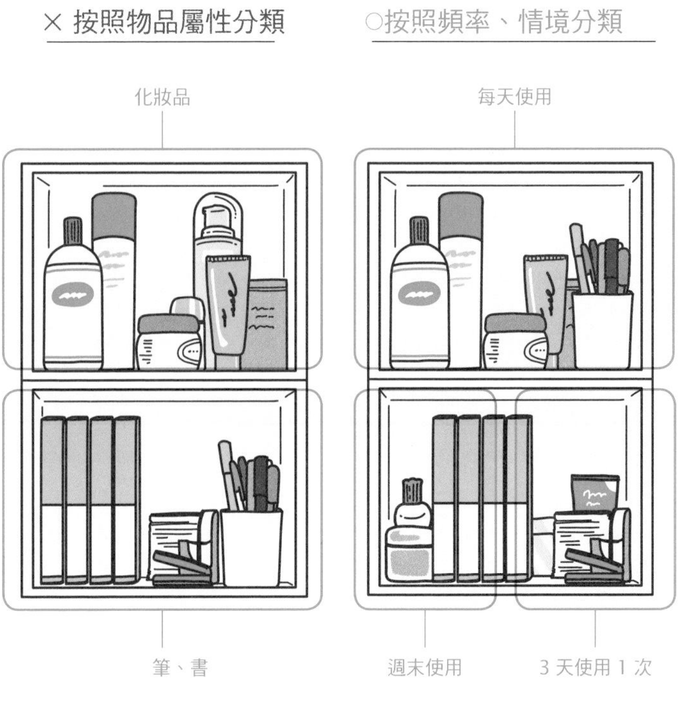

每天使用的東西和每週使用 1、2 次的東西混在一起，相當不方便，也容易弄亂。

常用的東西一目瞭然！也不容易弄亂！

為收納空間安排「留白」

收納（決定固定位置）時，需要留意「留白」。標準大概是，若把收納空間的面積分成十等份，每天要用的東西不要超過整體的七成，每週使用的東西不超過整體的八成，確保空著的空間。

如果把這十成面積全部塞滿，就沒有能讓手伸進去的空間，要拿東西時就得把其他東西先移出來才行。

人的手掌厚度約為三公分。如果不確保最低限度的空隙，拿取和歸位東西時會變得非常麻煩，也就不自覺地把東西順手丟在附近，必定會再度變亂。再者，當購買或獲贈新東西時，為了讓收納空間不要爆炸，也應該經常確保留白。

工作桌周圍的收納空間，光是擺上每日資料夾和每週資料夾的物品，就應該差不多要滿了。

如果已經好好審視過所有東西，這個時候卻還是塞不完，或者空間不夠的人，就有可能是桌子周圍的收納容量不足。

不妨先考慮能否挪用書櫃、塑膠收納箱等，這些家裡原本就有的收納用品。如果書櫃已經擺滿了也不要放棄，把閱讀頻率很低的書或漫畫暫時放進紙箱裡，就能清出收納空間。

One More Advice

如果你是「我家完全沒有收納用品！」的人，不妨先買一個三層櫃試試。我不建議在這個階段就買大型的書櫃或昂貴的文件櫃。這些東西可以在整理結束之後，再配合室內空間的風格好好考慮選購，為此我們可以先買個輕巧又便宜的櫃子就好。

我家用的是售價一千日圓、如下圖的三層櫃。這種櫃子就算之後在桌子周圍的收納任務結束了，也可以放在衣櫃裡當分隔，相當好用。

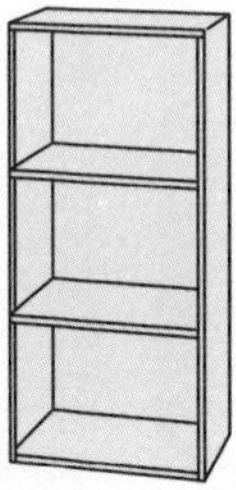

Method 15

「每月用的東西」的收納法

閱讀時間 4 min

我們已經決定好每天用的東西、每週用的東西的固定位置，接下來就要決定「每月使用的東西」的固定位置。

每天用的東西、每週用的東西，在決定收納位置時，都要把「實際使用的地方」放在心上，但**在收納每個月要用的東西時，不思考在哪裡使用它也無妨**。

就像在職場，會把每週要用的文件放在桌子周圍，閱讀頻率更低的文件，則會收在公用的文件櫃裡吧。一年只會看個幾次的文件，甚至會保管到別層樓的書庫或外部的倉庫。

如果是每月只會用到一次的東西，不用放在手邊也沒關係，只要活用家裡空著的空間就可以了。

順帶一提，我家的平面圖大概是這樣子的。

每個月要用的東西配置在房間裡的空餘空間（作者的案例）

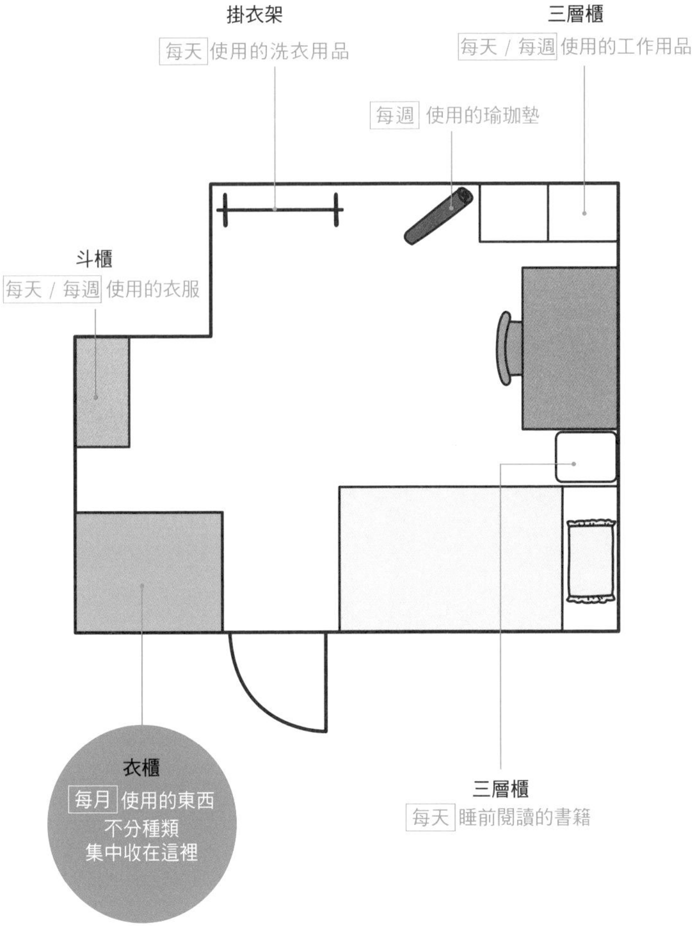

桌上辦公時每天／每週需要用到的東西，我放在書桌周圍，每週要用幾次的瑜伽墊和運動用品，則靠牆收在牆邊的正中央附近。幾乎每天要用的洗衣用品放在房間角落，衣服則收進衣櫃裡。

負責收納「每月資料夾」與接下來將會提到的「每年資料夾」的物品的，就是衣櫃。我不把衣櫃當成放衣服的地方，而是賦予它「每月資料夾的倉庫」的功能。

衣櫃面積較小的時候，也可利用玄關側邊、鞋櫃、廚房系統櫃、陽台收納。無論是家中的哪裡，只要溫度和濕度沒有問題，可以把書、衣服收進「箱子」裡並安全放置的地方都OK。

像服飾店一樣活用箱子

每天、每週會用到的東西，必須重視拿取和歸位的便利度，

- **直立收納**
- **保持留白收納**

這兩點是訣竅。

每月資料夾則相反，重視的是「在相同面積裡要如何有效率地塞好塞滿」。這時最有用的就是「箱子」。**要收納進衣櫃、斗櫃時，箱子是最好用的**。比起把東西直接塞進櫃子，使用箱子的堆積效率會高上好幾倍，同樣的面積能收納更多東西。

請想像一家服飾店。暫時沒有要販售的庫存品，會塞在箱子裡放在後場倉庫，而今天要賣的東西，為了讓客人好拿，就會從箱子裡拿出來展示吧？如果把所有庫存都從箱子裡拿出來攤平，不但很佔空間，還很會積灰塵。

每月只用幾次的東西就收進衣櫃裡

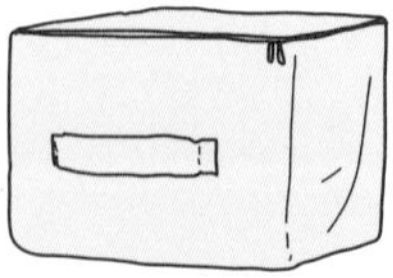

衣服等布製品

書或文件

在收納時，也要依照「旅行用品」「日用品備品」等，按照使用情境分箱裝進衣櫃。我家的衣櫃裡就像上一頁的插圖般，完美地塞滿了箱子。布製品請放進不織布做的箱子，紙製品則收進紙箱裡。

把東西收進箱子時的訣竅

把東西收進箱子時，也有幾個小訣竅。

・箱子上要寫清楚內容物

正如前述，我們不是按照物品的類別，而是依照使用情境裝箱。要在標籤上寫上「偶爾會讀的書／文件」「文具和日用品備品」「戶外用品」等物品對應的使用情境。

這時，如果一起寫上保管期限，就不用擔心自己會忘記

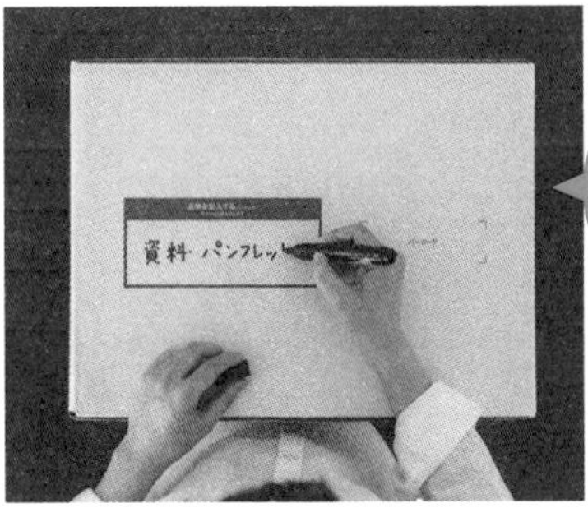

一起寫上保管期限就更棒了！

把東西拿出來用。在各位的公司，需要長期保存的文件，也會有專用的箱子吧？一般都會把單位名稱、文件內容、保管期限寫在箱子側面。

・用透明夾鏈袋分好內容物

箱子的內容物，如果可以用透明夾鏈袋一組組分好，在重複拿取、歸位的過程中，也不會弄得一團亂。我推薦百圓商店的收納袋，一個袋子平均只要五日圓左右，用起來沒有負擔。

・用照片管理內容物

箱子的缺點是「容易忘記裡面裝了什麼」。光靠標籤還是想不起來裡面有什麼，於是這個箱子、那個箱子地打開翻找，過程中又再度弄亂了……這也是常有的事。把東西裝進箱子後，可以先拍下一張照片，放在電腦或手機裡管理，之後用來提

醒自己。

・每個月要用的東西放在衣櫃外側

請把這些東西放在衣櫃內的順手區。最上層和最下層深處都很難拿，所以比較適合放「每年資料夾」的物品。收納每月要用的物品的箱子，則可擺在櫃子的中層、下層的外側。

在這時如果發現東西塞不完的人，請嚴格地重新檢視「這個月真的有用過這些東西嗎？」

One More Advice

就算是覺得「每個月都有在用」的東西，實際上也有很多是一年只用幾次的。例如泳裝、滑雪用品這種季節性的物品，在下個季節之前都不會使用，所以不該放入「每月資料夾」，而是「每年資料夾」。基本上，到每月資料夾這個層級為止的物品，任何家庭的空間應該都可以收納得完。

Method 16

「每年用的東西」的收納法

閱讀時間 4 min

最後是「每年用的東西」的收納。分在「每年資料夾」的物品可說是種類繁多，我們可以依「什麼時候用？」的觀點再分成三種。

①**有固定使用時期的東西**（非當季衣物、棉被、節慶用品等）
②**突發性使用的東西**（露營、運動用品、待客用品等）
③**對它有感情「想要拿著看」的東西**（有回憶的東西、收藏品）↓放進回憶資料夾（請參考103頁）

這些東西和「每月資料夾」一樣，基本收納方法都是**「收進箱子，再放進衣櫃」**。

只要遵循「什麼時候用」的主軸將東西分組裝箱，實際要用的時候就不會不知道要打開哪個箱子才好。裝完箱也不要忘記拍照，一年只用幾次的東西，如果沒有留下照片，就會馬上被遺忘，變成「死藏品」。

如果是「只在出差、旅行時用的東西」，就裝進透明夾鏈袋收進旅行包裡。把眼罩、化妝品試用品、小錢包、變壓器等等都收進夾鏈袋，統一放進旅行包，也可以節省出門打包的時間。換季衣物或客人用的棉被等布製品，可以利用壓縮袋節省空間（別忘了放防蟲劑！）。

收納時的重點是，**要選擇比每月資料夾更難拿的位置**。以衣櫃為例，最上層和最下層的深處，是最適合放每年資料夾物品的地方。不只是衣櫃、內嵌式衣櫃，像是玄關、地板下、陽台、閣樓等，家中所有「很難拿東西的地方」都適合收納每年只用得到幾次的東西。

伸手能及的地方叫做順手區（Handy Zone），手難搆到的地方則稱為倉庫儲存區（Backyard），**家中的倉庫儲存區就是保管每年資料夾物品的地方**。因為是使用頻率低的東西，只要留意濕氣和溫度，放在家中的哪個地方都無所謂。

One More
Advice

以前我在某位客戶的家中，發現他們在洗臉台的一層櫃子裡塞滿了家電的使用說明書。光是整理這些不需要的文件，就能清出一層的收納空間。請多把家中的死角，當成倉庫儲存區善加活用吧！

每年只用幾次的東西就收進衣櫃深處

〔東西的處理〕

Method
17

如何處理雖然用不到卻捨不得丟的東西

閱讀時間 4 min

即便依照使用物品的頻率、情境，為所有東西都安排了妥當的位置，但對東西有多深的情感，以及房間有多大，依然因人而異。

到「每個月使用的東西」為止，應該每個人都能妥善地收進房間，但那些使用頻率低的東西，或是雖然沒在用卻還有感情的物品，總量會取決於當事人的興趣和價值觀，而有相當大的差異。

對露營和時尚有興趣的人，這些收藏輕輕鬆鬆就能塞滿衣櫃。應該也有人因為工作，而不得不把作為參考資料的書籍和文件擺在家裡。

衣櫃和內嵌式衣櫃的大小，也因人而異。據說每個人平均會擁有一千五百個物品，換算成紙箱就是二十～三十箱左右。你家有能裝下這麼多東西的空間嗎？

住在鄉下的人，或是雖然住在都會區，但住家附有專用儲藏室的人，因為擁有豐富的收納空間，把「每年資料夾」的物品全都收在家裡也不成問題。不過要是住在一般都會區住宅的人，往往在收納每年資料夾物品的過程中，家裡就已經沒有空間了。

幾年只用一次的東西就「放手」

當物品已經塞不進房間時，首先要做的是再度檢查每年資料夾。那些不適用於每年資料夾，也就是「一年都摸不到一次的東西」，很遺憾地，正在成為死藏品。

雖然已經用不到了，但如果是有感情的東西，每年有機會拿出來一次，好好珍惜回味也不錯。不過要是一年以上都沒有機會拿起的物品，對你而言說不定其實是不需要的東西。

幾年內都用不到一次的使用頻率，也不會因為愛而拿起來看，但又覺得丟掉很可惜的東西，不應該歸進每年資料夾，而是歸進「放手資料夾」。

這類物品不需要馬上丟掉。除了丟棄，也可以賣掉、給人、捐出去、借人等等，還有很多可以讓他人活用它的地方。（將在第四章詳述）

即便如此也無法狠下心決定的東西，就分類進「猶豫中資料夾」。暫時避開它，往後再來好好判斷吧。

有感情的東西就放進「回憶資料夾」

與使用頻率不同，「感情」是主觀的指標。不過，要是覺得「因為是我拼命賺錢買的名牌……」「因為是親戚送給我的東西……」，而對每個難以丟棄的物品都產生了感情，這樣的判斷就會相當危險。為了有效利用有限的空間，**對其有愛、想要持續擁有的東西就放進「回憶資料夾」，沒有感情卻不知為何捨不得的東西，則歸進「猶豫中**

資料夾」。

「猶豫中資料夾」要遠離視線

這時一定要注意的是，把「猶豫中資料夾」的物品放得到處都是，甚至擺在「要用的東西」之前這種情況。在整理的過程中，有很多人會因為猶豫中的物品分類不完，就把它們放在這週要用的東西前面，或直接擺在每天會經過的地上。這樣一來，每天都會產生「逃避糾結」的壓力。

屬於猶豫中資料夾的物品就裝進箱子，放到看不到的地方，並在手機行事曆中設定開封日和通知，定期檢視。假如過了半年都沒拿出來一次，這些東西對自己而言就是沒有必要的。不要怕麻煩，應該對猶豫中資料夾的東西放手，避免房間再度變得雜亂不堪。

總結至今為止介紹的「整理＋收納」，我們可以先按照以下的流程把東西整理分類進各個資料夾。

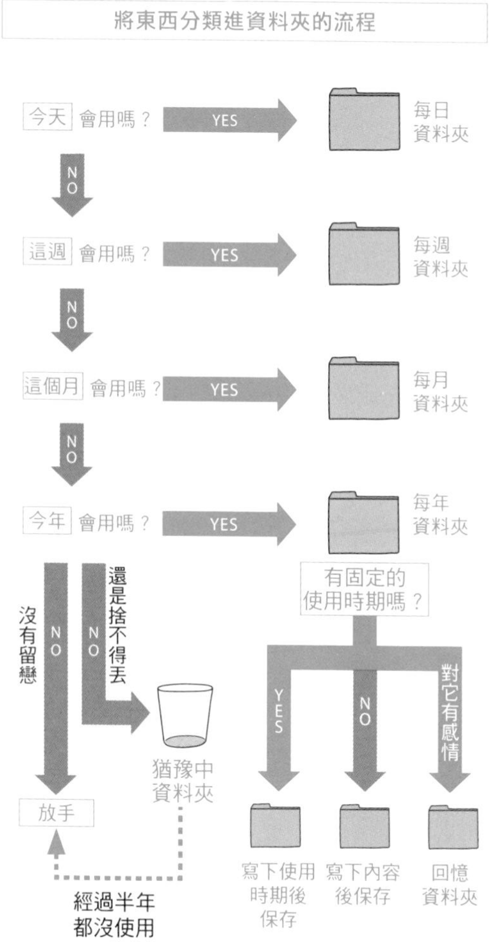

在收納的時候，把各個時間序的物品按照以下原則配置，就會更有效率。

①每日資料夾要配置於坐在桌前時，手能觸及的範圍（三層櫃上層）
②每週資料夾配置於桌子周圍（三層櫃中、下層）
③每月資料夾配置於衣櫃或衣櫃的順手區（Handy Zone）
④每年資料夾配置於家中（或外面）的倉庫儲存區（Backyard）
★要極力減少猶豫中資料夾的物品數量，並放在看不見的地方

各個資料夾的配置範例（整體圖）

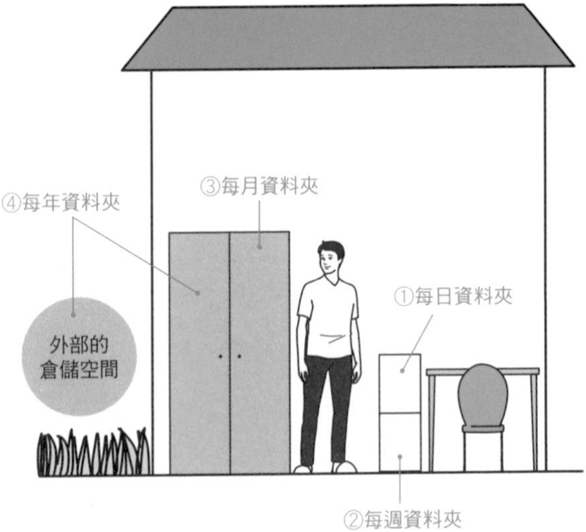

若能貫徹本章介紹的「資料夾分類法」，整理可說就完成了九成（真是辛苦了）！

今後只要定期更替資料夾的內容，並檢視物品的固定位置是否妥當，就能維持肌肉體質的房間。反過來說，如果在這個階段，有任何一個帶有妥協的資料夾的話，之後就會成為「房間之癌」，數週內就會故態復萌，讓房間重新變亂。

資料夾分類正是整理的真髓。如果有不滿意的地方，調整幾次都沒關係。不要焦急，好好加油吧！

One More Advice

覺得「太可惜了」而捨不得丟的東西，麻煩一定要請別人幫你看一眼。如果周圍的人的反應是「我不想要」，或許你對東西的想法也會改變。如果是名牌奢侈品，也可以在二手交易平台上確認一下行情。

Column

依情境聰明切換在家工作和辦公室工作

導入居家辦公的公司或組織，一定會有以下的疑問。

「居家辦公究竟能不能提升生產力？」

二〇〇九年，美國IBM讓約四〇%的職員實行居家辦公，到了二〇一七年正式廢止。雅虎和百思買（Best Buy）過去也曾導入居家辦公，而後也廢止了。日本自二〇一七年起，開始推廣由政府、東京都及經濟界合作的「Telework Days」，在二〇二〇年三月起，為了防範新冠肺炎疫情，企業紛紛轉向在家工作，全國都暫時性地導入。

在我的身邊，對於在家工作的意見也是眾說紛紜，喜歡的人覺得「可以專注在自己的工作上」，也有人認為「比起以前更難與同事溝通了」而發起牢騷。

我個人認為，**讓員工自由選擇要居家辦公或進公司，可以大幅提升組織的生產力**。這也是因為，有些工作適合在家辦公，有些則適合進公司處理。

Evidence

有一份為居家辦公效果背書的實驗。在慶應義塾大學理工系的研究〈為作業者的專注度提供相應的在宅勤務環境──假想辦公室系統 Valentine〉中，做了在假想系統上重現辦公室環境的實驗。雖然在辦公室外，卻有如身處實際的辦公室裡，在線上打造了讓使用者能與其他同事一起工作的空間。雖然這份研究是在一九九八年發表，但其中關於辦公室勤務與在宅勤務的關係，就算是二〇二〇年的現在仍值得參考。

在這份研究中，把我們平常工作中的溝通模式分成以下三種。

①個人作業
②非正式溝通
③正式溝通

「①個人作業」正如字面所述，是指不和任何人對話，一個人專注完成的作業。打資料或會計處理都屬於這個分類。

「③正式溝通」就是所謂的會議，在約好的時間，討論大家約好的主題。介於①和③之間的，就是「②非正式溝通」。突然提出問題、觀察其他人的臉色、簡單的聊天、偷看別人畫面，都屬於這個分類。

自家與辦公室相比，**在「①個人作業」的效率大幅提升同時，「②非正式溝通」的頻率也大幅下降**。另一方面，在辦公室工作時，則得出與此相反的結果（①的效率降

旁邊的人來搭話就會讓專注力中斷

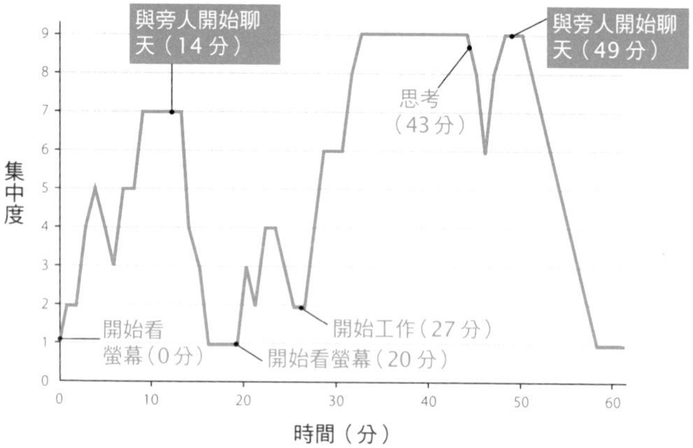

此表根據〈為作業者的專注度提供相應的在宅勤務環境——假想辦公室系統 Valentine〉繪製

低，②的效率提升）。

工作時被旁邊的人搭話，就會降低專注度這點，各位讀者應該都能想像。實驗的結果中，上方的圖表也明顯指出，只要旁邊有人，個人作業的專注度就會驟降。

雖然本書是以提高「①個人作業」的效率為前提，介紹如何打造適合辦公的房間，但在家辦公也並非萬能。需要一個人專心的工作在家裡做，需要討論的時候就進公司，柔軟地切換環境才是最有效率的。

Evidence

根據法國總理府策略分析中心（Centre d'analyse stratégique，隸屬於法國總理轄下，負責決策的專門知識機構）調查，**法國人認為「每週一～兩天在家，剩下進辦公室工作」，是最理想的比例**。如果覺得「每天在家工作好痛苦」的人，不妨把每週的三分之一用來在家專注工作，其他日子就進公司處理需要和同事溝通的業務，這樣的行程安排如何呢？

第3章

講究室內佈置是最後的最後

——絕對不復亂的「減法」思考

辛辛苦苦整理整頓了房間，
卻馬上又開始變亂……
會這樣子的讀者，或許是因為採取了「增加物品」的思考模式。
我們應該改革一下自己的心態，
不是「增添物品」，
而是「保持現在的簡約狀態」。

Method

18

請丟掉對房間的理想和夢想

閱讀時間 4 min

在第二章中，我介紹了「整理＋收納」物品時的基本流程。為了提升整理的成功率，從這一章開始，我想告訴大家的是**「心態改革」**。如果你能改變整理時的意識，就能離不再變亂的房間更近一步了。

接下來要講的，或許會有點嚴格，但也希望大家可以加油跟上！

那麼，假設現在馬上就要開始整理，你會從哪裡開始著手呢？

如果你的答案是「因為我家的收納量不夠，所以要先添購收納小物」這種整理方法，就是**沒效率**的！

整理這件事，是必須按著順序一一完成的。

如果跳過順序、沒做該做的事，房間的雜亂馬上就會復發。要是嫌麻煩而跳過一些步驟，後面必定會走偏。

請把這件事先放在心上，再開始你的整理。

你的房間現在呈現什麼樣的狀態呢？

□垃圾都被清乾淨了
□東西都有固定的位置
□保持東西用完放回原位的整頓狀態
□家飾小物充實，呈現相當舒適的空間

如果房間裡散落著喝完的寶特瓶和空面紙盒，請別辯解了，趕快收拾房間。如果你連收拾都不想，那我也沒話可說了。（我並不是要責備軟爛的性格。請馬上準備一個大垃圾桶，建構讓自己沒有壓力就可以好好丟垃圾的機制）

接著，只是因為「好像應該」而收納東西的你，請為物品決定正確的固定位置。如果在這個階段就開始講究房間的裝飾，或是把東西放在不是固定位置的地方，過不了多久房間就會被打回原形。

在決定容易使用物品的固定位置時，「減法」思考相當有用。

「我想要在房間做這麼開心的事！」

「讓人放鬆的北歐風房間真棒啊……」

「利用伸縮桿來增加收納量吧！」

這些，都是「加法」思考。

在減法思考的時候，請保持**「把影響日常生活動線的東西，依序掃出視線外」**的想像。

也請把對整理完畢的目標，從「每天美好又豐富的生活」，下修成「沒有干擾的順暢生活」。

生活越是忙碌的讀者，就越**應該把「簡約」放在心上。換句話說，目標就是不用動腦也可以維持整潔的房間**。

要是把話說得更白，大概可以想像成，連幼稚園小朋友都可以在你的房間內找出要用的東西，如此通用的設計。

One More Advice

高格調的居家雜誌或是收納書中介紹的整理術，幾乎都只適用於高手。如果你不是那種「我已經完美地做好自家的整理了，現在想要更上一層樓」的人，照著做就很有可能碰到挫折。特別是「展示型收納」，需要相當高的技巧。

Method 19

「從形式切入」就會失敗

閱讀時間 3 min

添購收納小物的時機，是在整理的最後一步。如果在還沒完成整理時就想著收納，就會變成「從好收納的東西開始留吧！」，不自覺為每個物品的意義套上有色眼鏡，而無法做出正確的判斷。

在工作上也一樣，如果在還不太了解現有業務和同仁能力的階段，就馬上導入高性能的昂貴工具，大部分的情況下，也都不會有什麼好結果。

無論工作或運動，都可以分成「先做好基礎練習，再改善環境」的人，跟「先打造一流環境，從形式開始切入」的人。無論哪一種，只要適合當事人的個性，都可以做出相當的成果。

不過，關於整理，**一旦「從形式切入」，就會大幅拉低成功的機率**。

Evidence

根據郵購公司 FELISSIMO 對四一二位二十～五十世代的女性進行的問卷調查，**購買收納小物的人中，有六十五％都有「沒能好好利用」的經驗**。因為臨時起意而買的收納用品，很有可能並不好用，或是讓收納的東西變成死藏品。

應該也有人是看了居家雜誌後，為了更接近理想的居住空間而開始整理，但如果一開始設定的目標太高，過程中就容易遭遇挫折。

在達到順暢生活之前，請不要購買那些看似講究的收納用品。

目標是肌肉體質的健康房間

下一頁解釋了講究裝飾的房間和簡約的房間有什麼差異，請比較看看兩張插圖。

比起設計感更該先重視「機能性」

× 以設計感為主軸的設計

○以機能為主軸的設計

你覺得上圖那個重視家飾的房間好嗎？

每天（或是這週）要用的東西散落在房間各處，讓動線變得複雜，東西很難拿出來，也很難放回原位。

此外，幾乎用不到的「擺著好看的雜貨」也就這麼放在居住空間裡。這樣不但會積灰塵，打掃起來也很麻煩，而重要的「要用的東西」跟「用不到的東西」混雜在一起，要找的時候更是累人。

很多人會想著「我想要打造出這種房間」，但如果沒有相當的幹勁定期整理，就很難維持整潔的狀態。說白了，就是馬上會變亂的「難用房間」。

另一方面，下圖中的簡約房間又如何呢？

首先，在三層櫃裡**只看得到「今天（這週）要用的東西」**。拿出來或物歸原位都能瞬間完成。因為使用頻率低的物品，會裝箱收進衣櫃中，所以不會積灰塵，只要在要用的時候拿出來就行了。

如果是這個房間，每天只要花五分鐘左右整理，就可以保持整潔的狀態，也就是**「肌肉體質的健康房間」**。

先為東西決定容易使用的固定位置，讓自己可以不費力地每天保持下去，再開始講究家飾和收納吧。清淡的料理還可以靠調味不斷調整，但下手太重的菜就回不去了。整理房間時，也請試著改成**「簡約為始，最後講究」**的兩段式思考。

比起想著要買什麼，一開始還是應該專注在要把東西放在哪些固定位置，才能過上簡約、順暢的生活。等到機能面都已經搞定了，再開始用加法思考改善房間的設計。

One More Advice

搬家是個好機會，可以重新檢視過往那些隨性將就的傢俱配置和收納。不合用的收納用品，就下定決心趁機放手吧。在看新房子的時候，也要先量好衣櫃等收納空間的尺寸（高度、寬度、深度），事先把握能塞得下幾個紙箱的份量。搬家後先靠紙箱和手邊的收納用品湊合一下，等東西的固定位置都確定後，再添購家具和家飾。

〔收納技巧〕

Method 20

買收納小物前 先量好尺寸

閱讀時間 4 min

如果現在就要開始整理，你一定會想買很多收納用品，不過，請忍到整理完再說。我們不是為了配合收納用品而選擇要留下來的物品，**應該在整理結束，並且決定好要留下多少東西後，才開始考慮收納用品**。

我提供諮詢服務的委託人們，都在家裡放了大大小小的收納用品，幾乎無一例外。即便當事人覺得「我好像沒有什麼收納小物」，但在衣櫃、房間的各個角落，都可以看到檔案盒、書櫃、空箱子或衣物收納箱、籃子等等的收納用品。

收納用品在買了以後就很難丟掉。首先應該在家中盤點一下有多少收納用品沒有被活用。

標準應該是，**把「每個月要用一次以上的東西」放進檔案**

盒或書櫃裡，直立著收納。箱子則用來裝「每個月連一次都用不到的東西」，並收進衣櫃或壁櫥裡。

如果發現明明是長年沒有在用的文件，卻直立收納在檔案盒裡時，應該把它們收進透明資料夾中，移到箱子裡保管。檔案盒則可拿到工作桌附近再次活用。

收納衣櫃時，也不要馬上就買大型的衣物整理箱。因為如果搞錯收納空間的尺寸，就會製造無用空間，讓容積效率下降。請先用手邊的紙箱或盒子抓出空間感後，再網購尺寸剛好的產品。

盒子尺寸不合，就會製造無用空間

乍看之下好像有整理，卻浪費了空間

量好尺寸後裝箱整理，就可完美收納！

零食的空盒或鞋盒，都能當成收納用品好好利用。如果是紙製的盒子，就可以用剪刀、膠水自由改變大小，用來分隔三層櫃或抽屜都很方便。

先拿空盒子試用一週看看，如果真的覺得好用，再量好尺寸到網路上買相同大小的盒子吧。尺寸是收納用品的生命，所以我建議不要在實體店面買，而是量好尺寸後網購。

One More Advice

鞋櫃裡面也會有不知該塞什麼才好的無用空間。要找到能把東西塞得剛剛好的收納用品是非常困難的，所以搬家後，我建議可以先DIY組合紙箱和百圓商店賣的托籃。把紙箱或手邊的厚紙板剪成符合收納空間的大小，再用膠帶固定，就完成一個臨時的簡易層架。經過幾個禮拜，如果覺得用得很順手，就可以升級成相同尺寸的市售產品。

Method
21

只要買三層櫃就好

閱讀時間 3 min

在房間裡擺了書櫃或雜貨架，就容易產生「想把東西擺到塞滿櫃子為止」的心理。

所以我建議**只買必要數量的三層櫃**。這樣就會變成配合手邊物品的數量和種類，購置最低限度的收納家具，而不用擔心會買太多沒用的東西。

需要讀很多書的時候用來收納書，想要使用化妝品或雜貨的時候，就減少放書的空間，像這樣可以配合不同時期，更替收納的內容物，是三層櫃的最大優點。

此外，因為不需開關櫃門，能減少取用及放回物品時的動作次數。反方面地說，也因為沒有櫃門，灰塵容易跑進去，而且櫃子裡的東西也被看得一清二楚，所以不建議用三層櫃收納使用頻率低的物品。

我建議按照頻率分開收納，**每週要用一次以上的東西收進三層櫃，其他東西則塞進有蓋子的箱子中，放到不容易被看到的地方**。

別買那些奇特的收納小物

這時要注意的是「不要買那種很奇特的收納用品」。

我曾買過並失敗的收納小物有：

- ✖**金屬網籃**（放布製品的時候，會勾到纖維而脫線）
- ✖**珠寶盒**（抽屜太重，拿出來跟放回去都很麻煩，小鎖頭也讓開關變得煩人）
- ✖**吊掛置物架**（很難取放東西，漸漸就不想用了）
- ✖**香蕉專用架**（用途太少，使用頻率低）
- ✖**大型衣物整理箱**（尺寸太大了，很難管理裡頭放了什麼）

等等。

選購收納小物時的重點是，「Simple is Best」。選擇材質輕盈、容易開關，不用動腦就能在數秒內存取東西的產品。買回家後，哪怕用起來有一點不順手，就上二手網站賣掉。如果勉強自己繼續用下去，就會成為房間散亂的根源。

紙袋不適合長期保管物品

有些人會把紙袋當成收納袋來用。

在進行整理作業的過程中，紙袋可說相當好用。暫時保管還沒分類的東西、把物品裝進去一次移動，或是用來放還在猶豫的東西、準備拿去二手市場賣掉的東西，都很方便。

不過，若以長期保管為目的使用的時候，紙袋因為有

①不容易看清楚內容物
②材質軟不容易堆疊
③容易積灰塵

等缺點，所以我不太推薦。

而且也可能因為受潮，讓裡面的東西劣化。

你的衣櫃裡說不定也有塞滿東西就這麼放著的紙袋，請檢查看看上頭是否已經積了灰塵。

One More Advice

在收納小朋友的玩具、文具等「零碎的物品」時，不要用紙袋，而是放進透明夾鏈袋中，再用有蓋收納箱長期保管。

Method 22

在書桌周圍放食物或寶寶用品也OK

閱讀時間 4 min

在育兒過程中，家裡會需要很多像玩具、嬰兒床這類的嬰兒用品。

有些人會在廚房做菜的空檔順便化妝，也有人把書桌兼作餐桌或梳妝台。

也就是說，**不見得每個人都得堅持「廚房＝料理的地方」「書桌＝工作或讀書的地方」**。

「筆就要放筆架」「烹飪用具就要放廚房」這樣依照物品屬性決定放置的地方，馬上就會變成「很難用的房子」。

要用的東西就要放在使用位置的附近。雖然我一再重複，但這正是整理的鐵則。

會在廚房讀書的人，就把書放在廚房附近。會在書桌上化妝的人，不妨把化妝用品放在書桌周圍。不要被常識所限制，配置房子裡的東西時，應該以「使用方便度」為最優先原則。

有效活用三層櫃和籃子

這時三層櫃也非常有用，可以依照使用情境分層收納物品。

假設每次肚子餓就跑去廚房，工作就會一直被打斷，所以不妨在工作桌附近的三層櫃裡，不只擺上工作用品，也擺上食物或衛生用品（我的書桌旁邊總是擺著嘴饞時可以拿來吃的堅果和小魚脆片）。

那麼，沒有固定位置，但是會頻繁使用的物品該怎麼收納才好呢？

例如嬰兒用品或玩具，可以在三層櫃裡放籃子，在一天的開始時把整個籃子搬到要使用的地方，結束再放回三層櫃中。拿取整個籃子，並整個籃子歸位的好處是，即便同一件物

每天會用到的玩具或零食收納範例

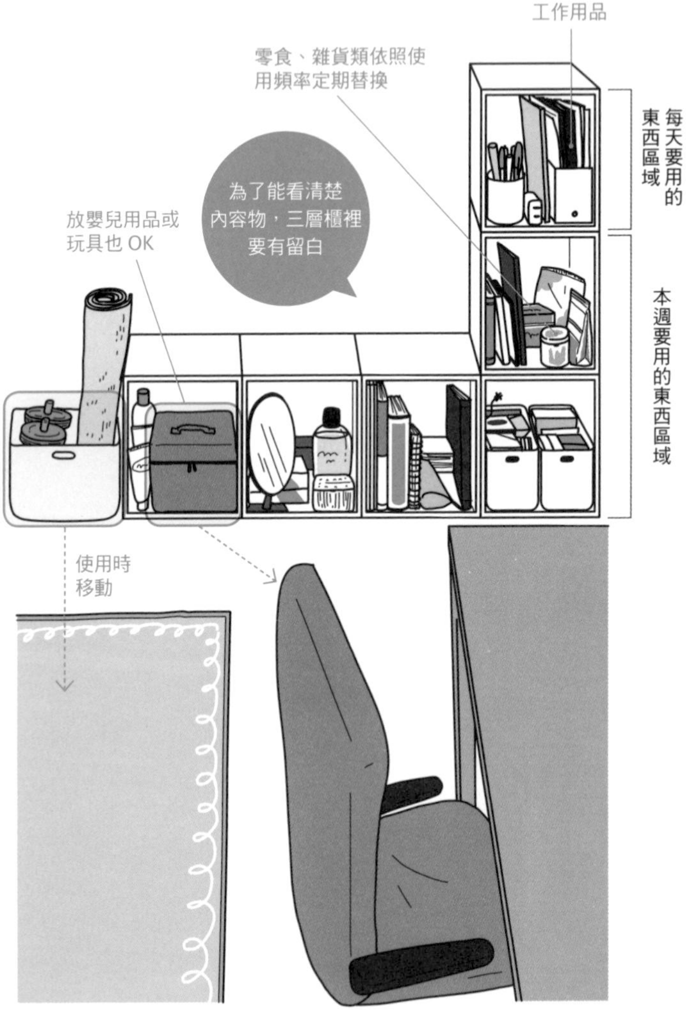
工作用品
零食、雜貨類依照使用頻率定期替換
為了能看清楚內容物，三層櫃裡要有留白
放嬰兒用品或玩具也 OK
每天要用的東西區域
本週要用的東西區域
使用時移動

品會在許多地方使用，也可以避免用完就隨手丟著的情況發生。

不過，不可以把使用頻率低的東西跟常用的物品混在一起。請嚴格選擇，只把每天要用的東西放進籃子。

市面上也有很多附提把的籃子，但如果籃子本身太重，會增加拿取和歸位的麻煩，請盡可能選購輕量的產品。

One More Advice

在家中很多地方都會用到的東西，也可以購買好幾個，放在每個要使用的位置。例如眼藥水，我們會在工作桌上點、睡前會在床上點，職場也會用到它，所以只要在每個會用到的地方都放一罐，就不用花力氣找它。

Column

平常不會做的事，不要過度出手

如果成為居家辦公的高手，就可以活用省下來的通勤時間，為自己沖一杯講究的咖啡、享受在家種菜等等，無論工作或私生活看起來都會非常充實。

不過若在還沒習慣居家工作、學習的階段，就對這件事、那件事都出手，反而會造成反效果。請不要用「空閒時間如果可以在家做這件事就太棒了……」的「加法思考」想事情，我建議這時也要繼續保持「減法思考」。

「**只做以前去公司上班時會做的事情，如果能做到最低標就已經很棒了**」，不妨像這樣稍稍降低難度。無論能省下多少通勤時間，以前去辦公室上班時，回家根本不做菜、打掃的人，也不必因為改成居家辦公，就馬上逼自己「不做不行」。只要按自己的步調慢慢習

Evidence

慣在家上班就好了。

「一次不要做過頭」也很重要。各位應該都有這種經驗，雖然從「想著該做家事」，到「真的開始做家事」的心理障礙很高，但只要開始動手，反而能很輕鬆地做下去。無論整理或打掃，請訂下「一次不要做太長時間」的規則，降低開始動手的難度。

有不少德國的家庭都為家事訂下定量的規則。例如「每兩天掃一次廁所，每次要在三分鐘內完成」「三天可以吃一次外食或外帶」，只要事先訂好要努力到什麼程度的底線，就不需要勉強自己，可以把它當成習慣持續下去。**如果都長時間做到很累才停止，大腦會擅自判定「這件事太辛苦了」，下次就很難為這件事採取行動了**。請不要對自己有過度的期待，先降低心理障礙，直到養成習慣為止吧。

第4章

紙和衣服不用丟棄，而是要分享

——聰明擴充房間的「不持有」整理術

看到快要漫出房間的物品們，
也不用抱頭苦惱「該丟掉了」！
本章我將教你用不著丟棄，
也能減少物品的「分享之術」。

Method 23

比想像中還要狹小的「日本的房間」

閱讀時間 3 min

會拿起這本書的讀者，應該只有極少數人會認為「自己的家已經夠大了」吧。正是因為住在日本都會區，我們的家裡才會如此狹小。這也是沒辦法的事。

Evidence

請看看下頁的圖表。

首先，與海外各國比較，**日本的平均住宅面積相當狹小，只不過是美國的三分之二左右而已**（即便如此，美國人每十戶中就有一戶，需要租倉庫放家裡的雜物！）。

再者，日本國內的住宅面積，有著相當大的地區差異，東京都和鄰近的茨城縣相比，居民的居住面積只有三分之一左右。東京的房租跟全國比較也是高得超群，如果不是收入高到有餘裕的人，根本無法住在大房子裡。

都會區與地方的住宅情況有著天差地別

■每人平均住宅地板面積的國際比較

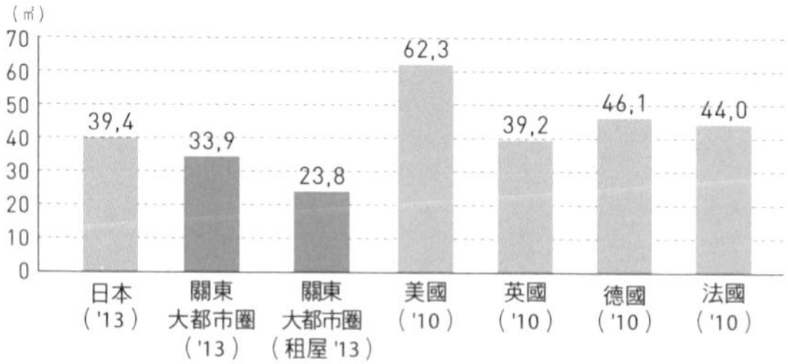

圖表根據「2015／2016 年版 建材．住宅設備統計要覽」繪製

■各都道府縣的住宅佔地面積（每戶平均）

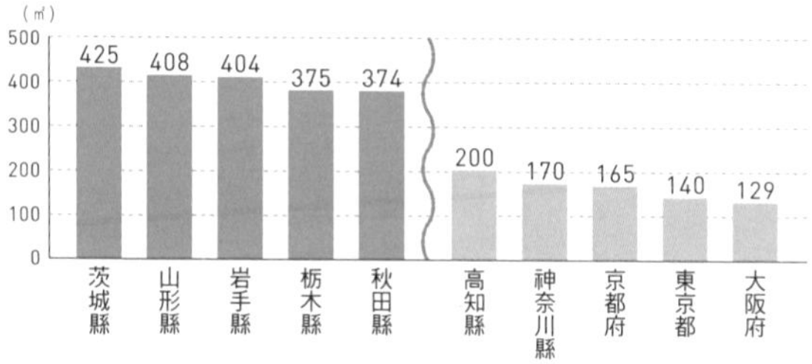

■各都道府縣的民營出租住宅房租（每 3.3 平方公尺每月平均）

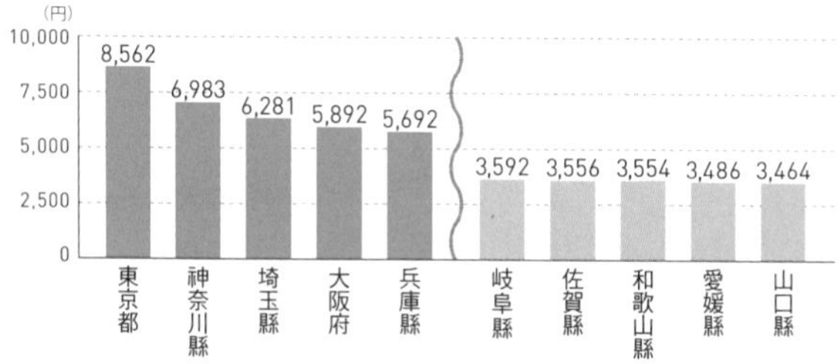

圖表根據「從統計看都道府縣的樣貌 2019」繪製

都會區的居住空間不僅「狹小」房租也高

另一方面，東京都民跟茨城縣民的物欲卻沒有跟著出現三倍之差，無論住在全國的哪裡，擁有物品的數量都差不多。也就是說，光只是住在東京，收納的困難度就會一口氣漲到茨城縣的三倍以上。

「擁有的物品就應該全部都收在家裡」從你這麼想的這一刻起，你的擁有欲就被住宅的現實情況給綁住了。但如果為了守住對東西的愛，而在居住地點或住宅設備上妥協，過著不方便的生活，也是相當可惜的事。

「擁有」跟「收藏在家裡」難以兩全時，應該從把這兩件事拆開來思考開始。

One More Advice

關於擁有欲，我工作的 Sumally 股份有限公司做了相當多調查。在拙著《不丟東西的整理術》（方言文化）中也有介紹這些研究，歡迎感興趣的讀者找來閱讀。

〔分享思維②〕

Method 24

抓著本機資料不放，電腦總有一天會爆炸

閱讀時間 3 min

你都是怎麼管理工作上的文書檔案呢？

許多人應該都是：

- **存放在公司或部門多人共享的資料夾**
- **保存在個人電腦本機的資料夾**

用這兩種資料夾管理檔案吧。

容易在個人電腦堆積資料的你，這種做法是**沒效率的**！

如果不注意這點，總有一天電腦跟房間都會不知不覺就爆炸了。

電腦的桌面，可以說是房間的縮影。

電腦桌面上散亂著檔案，沒有好好整理的人，房間也大多呈現被用完隨手放的東西給塞滿的狀態。

請不要把檔案都堆在本機，養成共享資料夾的習慣吧。就算只是小筆記這類乍看沒有分享價值的東西，只要放進共享資料夾，總有一天能幫上某個人的忙。

我的工作內容也包含幫公司整理檔案，基本上我相當建議利用雲端資料夾來分享所有的資訊。就算其他人不會閱讀，但藉著整理保存位置這件事，自己也會更容易找到要用的檔案。

整理房間裡的東西時，也可套用相同的思維。

「自己要用的東西=個人所有，必須放在房間」

如果你的思考只有這單一選項，擁有欲的「上限」自然就會被房間的大小給框住。

為了配合擁有欲而不斷搬家並不經濟，這時若能：

- 不購買地使用
- 用完就賣掉
- 讓給身邊的人
- 捐出去
- 多人共用，並放在共同保管的位置
- 到下個季節為止都用不到的東西就放進倉庫

等等，讓擁有物品的形式更多元，就能解決物品量與收納空間難兩全的困境。

順帶一提，只要想像辦公室的備品管理，就能掌握分享思考的要訣。

在我的職場，個人的桌上會放著鋼珠筆、長尾夾等「每天會頻繁使用的物品」，但文具的備品會放在各部門共用的櫃子裡。影印機上面放著公用釘書機和迴紋針，收據櫃旁邊也會放著公用膠水。

請觀察身邊那些桌面很整潔的人的行動。他們應該都會聰明善用共享物，盡可能不要讓自己的桌面堆滿東西。自己的家也一樣，只要活用共享物，就能維持整潔的房間。

不要自己一個人獨佔物品，思考「現在這個瞬間，這個東西應該去哪裡？」後，為物品決定固定位置，無論房間有多大，整理都能順暢地進行下去。

One More Advice

對於那些還有感情的東西，就拍下照片，在社群媒體上找能接手的朋友。高價的物品可以拿到二手市集賣掉。此外，像嬰兒推車這類好像還能用的物品，讓給鄰居親友也是一招。

〔外部收納〕

Method 25

只是收在房間裡，不叫整理收納

閱讀時間 4 min

雖然我向各位分享了「頻繁使用的東西要放在使用位置的附近」「不常用的物品就裝箱收到倉庫儲存區(Backyard)」的規則，但這裡的倉庫儲存區，未必得是在家中。

像衣物、棉被這類季節用品，或是露營用品、運動用品等屬於「每年資料夾」的物品，在物理層面上無法收納在房子裡時（特別是住在都會區的讀者），我建議利用宅配型的「外部收納服務」。

市面上的倉儲服務有很多種類，不妨從

①價格比搬去大房子住還要便宜
②可以一件一件的管理保管物品
③可以頻繁存取物品

這幾個觀點來比較並選擇服務商。請選擇那些用起來簡直跟自家衣櫃一樣方便的服務商。

用手機就能輕鬆存取物品的「Sumally Pocket」

Sumally 股份有限公司在日本當地營運的宅配收納服務「Sumally Pocket」，費用每箱每月二五〇日圓起，在倉儲業界也算是相當低價（跟在東京都內租倉儲空間相比，價格約只要四分之一），跟搬到同樣是都會區的大房子比起來，真的便宜多了。

我除了衣物和棉被，也會用它來保管聖誕節用品和季節家電。

所有託管的物品，倉庫都會一件一件拍照歸檔，所以能在手機或電腦上用圖像輕鬆確認自己存了什麼東西。**需要物品的時**

候，只需要在手機或電腦上操作，就能以箱為單位或是單個取出，最快隔天就能配送到家。

尤其換季的時候特別好用。「整理換季衣物，送去洗衣店，摺好收起來」這一連串的換季流程實在太繁瑣，相信有不少人就這麼一拖再拖吧。

如果使用 Sumally Pocket，可以先把非當季的衣物裝箱保管，再選購追加的衣物清潔服務。在下個要穿的季節，衣物就會以乾淨的狀態送回家裡。在即將換季的時候，按下 Sumally Pocket 的「取出」鍵，下個季節的衣物就會送到，輕鬆完成換季。當然也有棉被、鞋子和地毯的清潔選項。

舉例來說，五月取出夏天要穿的衣服，同時把穿到初春為止的羽絨衣等衣物存起來，家裡就不會留有「非當季的物品」。

因為是由保管專家「寺田倉庫」徹底管理溫度、濕度，纖細的衣服和包包也能安心寄存。

我在公司負責分析數據，並且定期採訪 Sumally Pocket 的客戶，觀察到使用者以都會區為主，從獨自生活者到大家庭都有，範圍相當廣泛。特別是有許多人是配合生活型態的改變而開始使用倉儲服務，如「因為結婚或同居，而從獨自生活變成兩人生活」「本來是兩人世界，因為生小孩而變成三人生活」「從地方搬到都市，房間變小了」等。

每月只要銅板價以下（譯註：五〇〇日圓也是硬幣）的價格，不用搬家就能增加收納空間，突然換環境的時候也能很安心。不過，雖然這個服務非常方便，也不要忘記定期檢查保存的物品。每季都要看著ＡＰＰ一件件回顧，避免物品變成死藏品。

One More Advice

很少會穿到的衣服、容易被潮流影響的飾品、包包類，不妨從購買改成用租的。以我為例，我對參加婚禮時的派對禮服並不太講究，所以不擁有，而是用租的。最新型的家電也會先租來試用，如果真的很滿意才買。

〔紙的整理〕

Method 26

從大量文件中重獲自由

閱讀時間 5 min

整理工作桌周圍時，最難的就是整理文件了。只要這些文件能整理得清清爽爽，你的桌子和腦子都能重獲開放感。

這時就要用「SHARE」思考，來開始整理文件。（不只在家裡，在公司整理辦公桌時也很管用！）

首先請從「有沒有必要留紙本」的觀點，把文件分成以下兩類。

①沒有紙本也沒關係的文件（使用說明書或 DM 等）

②一定要留紙本的文件（合約、證明書、要送到政府單位的文件等）

那麼就讓我們分項看下去吧。

①沒有紙本也沒關係的文件整理法

在你的家中，一定藏著大量「就算沒有紙本也不會有什麼麻煩」的文件，這時就先以網路上查不查得到相關資訊為標準，把文件粗略區分開來。

網路上查得到同樣資訊的文件

這種文件就不要猶豫了，處理掉吧。

有紙本會比較方便的情況，大概也只有要把數字 Key 進電腦的時候而已。

我也聽過有人會說「餐廳的外送傳單如果留紙本，要用的時候可以馬上拿出來看，比較方便」。事實上，突然想叫外賣時，與其從堆積如山的傳單中找出想吃的店家資訊，用 Google 查通常還比較快。

如果是頻繁使用的資料，我建議可以在電腦或手機瀏覽器中，把這些網頁登錄進書籤。家電、家具的使用說明書，可以把保證書那一頁留下來，其他丟掉。如果是附折價券的傳單，就剪下折價券的部分，收進透明資料夾裡，並定期處理過期的折價券。

網路上查不到同樣資訊的文件

學校的通知單這類一、兩張A4左右的文件，就掃描成檔案，或是拍照放在電腦、手機裡管理，原來的紙本則可以丟掉。

至於課程的教材、料理教室的食譜、雜誌等頁數較多的東西，利用代客掃描服務會比較方便。例如提供掃描書籍服務的「SCANB」，只要把書裝進紙箱裡寄過去，就能用每本八〇日圓起的價格請他們幫忙掃描，也可以掃描文件和筆記（部分不適用），而且還能在掃描完成後，直接幫忙處理掉文件和書籍。

信件和日記這些留有回憶的物品，不應該被分類為「文件」，而是像玩偶或小朋友的勞作作品一樣，分進「回憶資料夾」。只要分開保管，就不怕被誤丟了。

需要留意的是，工作的筆記或是進修教材。有些人會想把它當成「自己努力過的證據」而全部留下，請重新想想，留下紙本到底有什麼意義。

紙拿在手上，固然可以感受溫度和情感，如果是要頻繁閱讀的東西，確實以物品形式留下也無妨，但如果是出自「害怕丟掉」的恐懼感而抓著文件不放，還是把它們都數位化，空出房間的空間比較健康。

②一定要留紙本的文件整理法

接著是②一定要留紙本的文件。因為丟掉這些東西會造成麻煩，所以只能留下了。必須留有紙本的文件，大致可以分成兩類。

之後要處理掉的文件（要寄給公所的文件、入學申請書等）

需要保管的文件（登記事項證明書、合約等）

之後要處理掉的文件

有明確截止日期的文件，就依照「何時處理」的期限，放進透明資料夾（如果是A4尺寸，用透明文件盒也很方便）。

文件的種類混雜也無妨，只要依照「何時做」的時間軸分類，就能避免漏掉。

請把處理日寫在標籤（或自黏便條紙）上貼起來，再設定手機行事曆的提醒功能。

如果你屬於「要處理的文件太多，導致手機提醒爆滿」的人，我推薦利用 Trello 這類任務管理工具。

我看過很多人為了怕忘記，會把還沒處理的文件就這麼放著，但這樣做的提醒效果意外地差。每次看到這些文件，只會感受到「啊，該處理了……」的罪惡感，但等到真的該做的時候，卻被習慣給麻痺了，或是根本忘記它們的存在。這樣工作絕對不會順利的。

這些文件只要在該被想起的時候想起就好，所以不要單純仰賴自己的眼睛，而是多加利用智慧型手機上的ＡＰＰ吧。把這些文件移出視線，在手機通知響起之前，讓它們在文件夾裡乖乖躺好就行。

收據或發票等比較零碎的紙張，則收進透明夾鏈袋裡。需要報支交通費，或是有在記帳的人，只要把所有收據都放進夾鏈袋裡，有時間的時候再一口氣記完並處理掉，就能避免「收據總是亂丟」的狀態，相當方便。

需要保管的文件

重要文件等需要保管數年的文件，可以準備一本檔案夾（封面厚而堅固的），依照項目分類保管。

- 房屋租賃契約
- 居住證
- 資格證明書
- 年金手冊
- 各種保證書

因為都是些使用頻率非常低的文件，所以無須詳細分類。保證書按照保證期限依序放進資料袋中，等到過期了就可以一次丟掉。

如果整理成流程圖，看起來就會像下頁的圖表。

這些文件很難單靠「要留下或丟掉」的標準來整理，但如果用「可以只留電子檔，還是要留紙本？」「如果要留紙本，什麼時候要用？」來思考，既能減少文件的量，又能把它們收納到最適合的位置。

One More
Advice

個人創業者這類有義務保管許多文件的人，請重新審視是否「有需要把文件都堆在房間？」。塞在衣櫃裡的文件，是黴菌和灰塵的溫床，利用外部收納服務，整箱寄去保管也是一招。

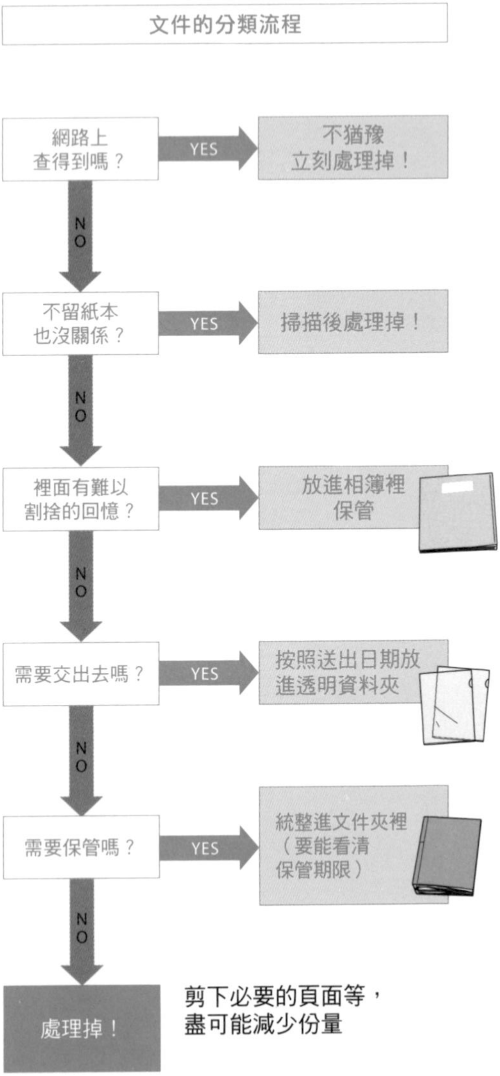
文件的分類流程
網路上查得到嗎？
YES
不猶豫立刻處理掉！
NO
不留紙本也沒關係？
YES
掃描後處理掉！
NO
裡面有難以割捨的回憶？
YES
放進相簿裡保管
NO
需要交出去嗎？
YES
按照送出日期放進透明資料夾
NO
需要保管嗎？
YES
統整進文件夾裡（要能看清保管期限）
NO
處理掉！
剪下必要的頁面等，盡可能減少份量

〔書的整理〕

Method
27

書籍1本都不用丟

閱讀時間 4 min

常聽人說「整理最好從冰箱開始」。這是因為食品有保存期限，所以和其他物品比起來，丟棄的基準更明確，所以更好整理。

相反地，**一般認為整理難度較高的是「書」**。

很多人都會對丟書這件事感到罪惡，或是很抗拒。書籍很難套用到使用頻率的概念中，應該也有人覺得「我連一本書都不想丟！」。

請放心。一本書都不丟也沒問題！

首先，請把所有書從書櫃拿出來，一本本拿起來分類。

我想介紹我在提供整理諮詢服務時常用的分類法（請參

考下頁）。

先把書大致分為「讀過的書」「沒在讀的書」兩類。再自問「什麼時候讀過？」「為什麼重要？」，分成八～十組左右。（STEP1）。

這時要注意的是，不要用書籍種類來分類。我有很多客戶都是用漫畫、參考書、園藝等類型來分類書籍，請暫時無視書的類型，而是從**「對自己而言這本書有什麼意義」**的觀點分類。

分類好後，再依照不同的意義，考慮每類書要配置在哪裡最妥當（STEP2）。

「Ⓐ以後還要讀的書」「Ⓑ剛開始讀的書」「Ⓔ當成參考書，要常拿起來看的書」，應該放在書櫃裡容易拿到的特等席。（我會在泡澡的時候讀書，所以會從Ⓐ以後還要讀的書中選一、兩本，放在浴室的籃子裡）。

書的「整理＋收納」

[STEP1 將書分組]

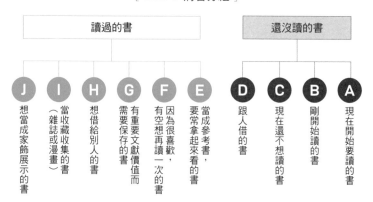

讀過的書
- J 想當成家飾展示的書
- I 當收藏收集的書（雜誌或漫畫）
- H 想借給別人的書
- G 有重要文獻價值而需要保存的書
- F 因為很喜歡，有空想再讀一次的書
- E 當成參考書，要常拿起來看的書

還沒讀的書
- D 跟人借的書
- C 現在還不想讀的書
- B 剛開始讀的書
- A 現在開始要讀的書

[STEP2 決定書櫃中的固定位置]

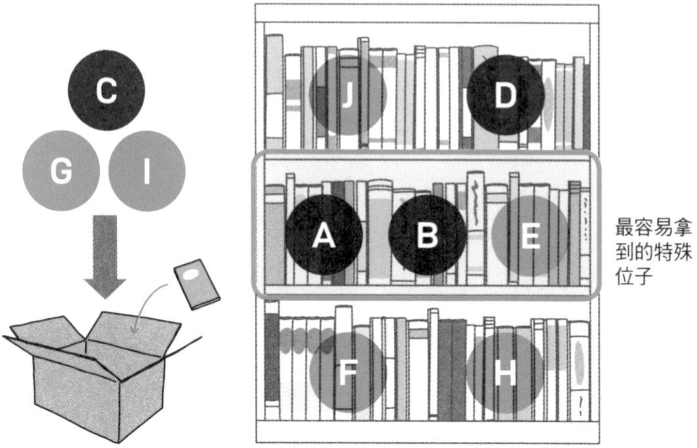

「Ⓖ有重要文獻價值而需要保存的書」「Ⓘ當成收藏的書」，則因為不用經常拿取，沒有放在書櫃裡的必要，可以裝箱後放在衣櫃等倉庫儲存區。

「Ⓒ現在還不想讀的書」「Ⓓ跟人借的書」如果佔據太多書櫃面積，將不利於精神健康，所以借來的書就儘早還掉，不想讀的書就趕快讓給別人或賣掉（也可以捐給圖書館）。

然後，書櫃剩下的空間就放上「Ⓕ因為很喜歡，有空想再讀一次的書」「Ⓗ想借給別人的書」「Ⓙ想當成家飾展示的書」吧。

就像為衣櫃換季一樣，也要定期把書櫃的書全部拿出來更新。在書櫃擺滿讓人看了就舒心的書籍，每天的閱讀也會更順暢。

One More Advice

對那些不是因為喜歡書籍本身裝幀，只是需要當成參考文獻留存的書，我建議送去代客掃描服務商，把它們都轉成電子檔。也可以依照書的種類，分成電子書和紙本書使用。

〔面對東西的方法①〕

Method
28

把放在房間裡的理由言語化

閱讀時間 2 min

請把房間裡的物品，一件件拿起來檢視。

這件東西為什麼會放在這裡呢？

擁有物品的理由，基本上可以分成

・因為要用

・因為喜愛

的其中一邊（或者兩者都適用）。

或者，也可能是因為心理情結或障礙、執著而無法丟棄，或者覺得處理太麻煩，就隨便這麼放著。

在「使用」和「喜愛」中，若依照使用情境、喜歡的理由等背景分類，每個人都能進一步細分化。例如

・有著跟家人回憶的物品

・偶像的應援週邊
・為了更接近理想的自己所做的自我投資
・高價值的稀有收藏品

等等。雖然都是「喜愛的東西」，卻有著各式各樣的種類。

整理的真髓，就是面對「擁有的意義」。對現在擁有的物品，不斷問自己「為什麼？」，並且依照這些理由，做出最妥當的配置，房子就會具備容易使用的機能性。

擁有物品，就像是禪機公案。**反覆問自己「為什麼必要？」把物品和自己的關係性化為言語。**

例如，「這件和服，雖然我不打算穿，但因為是心愛的奶奶留給我的，所以不想丟掉」這種案例。這份感

情該分類成「愛」還是「障礙」，連當事人自己都很難判斷。但就算難以明確分類，只要像這樣深入挖掘擁有物品的理由，就比較容易走到下個步驟（例如「改造成洋裝或包包」「讓給會好好珍惜的人」等）。

「我因為這些理由，擁有這個物品，所以像這樣放在房間裡是最妥當的」請為每個物品編出自己能接受的故事。只要做好一次定義，無論換季、搬家，還是要改變生活型態，面對物品時的判斷都能更快、更俐落。

One More
Advice

我在協助客戶整理時，常會在塑膠墊上畫出四個象限，請他們在上面分類物品。以收藏品為例，縱軸是對物品的喜愛，橫軸則是拿取的頻率。在心中為擁有物品依照喜愛順序排行，就能用嶄新的心情去面對自己熱愛的收藏品。

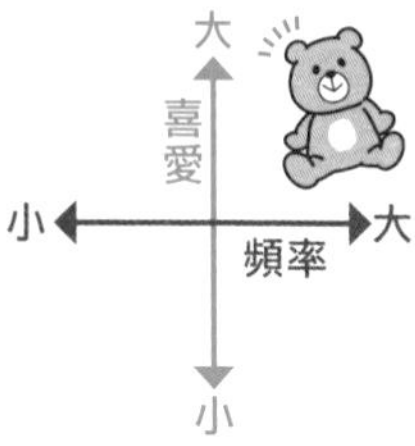

Method 29

藉由分享昇華對物品的心結

閱讀時間 2 min

「用／不用」的分類，每個人都能客觀判斷，但「愛／不愛」的分類，就會讓許多人煩惱了。特別讓人迷惘的，是該如何處理這些**「因為自卑情結而擁有的物品」**。

無法持續使用下去的瘦身器材、曾經遭遇挫折的證照參考書、以前瘦的時候穿的衣服……放棄這些東西，就像否定過去的自己，我很能理解這種恐懼。不過，愛與情結乍看相似，卻是截然不同的概念。

每當看到這些因為情結而留著的東西，就會喪失挑戰新事物的欲望，整個房子住起來的感覺也會變差。雖說如此，**把它們當垃圾丟掉，實在是會刺痛良心。這時就積極地分享吧**。

讓自己產生自卑情結的東西，對需要的人而言，說不定是憧憬已久的物品。

如果還是有點猶豫，就到二手網站查查相同物品的行情，要是賣價很高，就表示其他人也想要。反過來說，如果價格不怎麼樣，或許就表示無論對你或其他人而言，這都是沒用的東西。

不要從「自己是否愛著這個物品」的觀點，而是從「**這個東西在我家到底幸不幸福**？」的角度去面對每一項物品。

One More Advice

讀了幾頁覺得不合胃口的書，請不要丟掉，而是讓給別人吧。如果書的狀態好，就捐給圖書館，往後還是覺得跟這本書有緣，就再去圖書館借回家看。要是身邊沒有可以接手的人，就上二手網站賣掉。越是上市不久的書，越能賣到好價錢。

Method 30

家人的東西就算困擾也不要抱怨

閱讀時間 3 min

Evidence

有些人的心中，應該會有「伴侶總會馬上把房間弄亂」「家人都不幫忙，所以房間總是整理不完」之類的不滿。

根據 Sumally 股份有限公司的調查，有七成夫妻曾經因為物品而產生爭執，也有高達五成的夫妻，曾因為雜物問題而後悔結婚。如果你和家人之間，有著關於雜物的困擾，這些爭執就會變成家常便飯。

有這些煩惱的人，與其考慮換個對象，不妨改變「家中的規則」來解決問題比較簡單。

對不擅長整理的人說「快去整理」，頂多也只能讓他暫時動起來，幾乎沒什麼意義。重要的是，**明確劃分出公用區域跟個人區域，並且不要對彼此的個人區域指手畫腳**。

如果各自有自己的房間，個人區域就很好劃分。像浴室這種共用的地方，也可以把櫃子按層分出收納空間，讓每個人自己管好各自的區域。

「用完隨手丟」靠夫妻一起改善

說來很不可思議，但另一半的物品，會比自己的東西看起來更礙眼。在叨念對方「東西總是亂丟又不整理」之前，請回顧自己有沒有打造出「**用完東西後容易放回原位的環境**」呢？

如果另一半總是把穿過的衣服丟在客廳，可以試著提議「要在客廳放污衣籃嗎？」。用完調味料就放著，可能是因為調味料盒子本來就塞滿東西，所以很難物歸原位。請跟伴侶一起，先挑戰一次「把東西全部拿出來」吧。

如果你比另一半更擅長整理東西，就可以幫他一起降低收納的難度。若能採用無論大人或小孩、擅長整理的人或不擅長整理的人、忙碌或不忙碌的人，都能簡單整理的通用設計，家人和自己都會輕鬆不少。

應該也有人是因為伴侶的東西太多而感到煩躁。家裡的收納空間是有限的。這時就要把空間平均分配後，東西少的人分一點空間給東西多的人。

如果雙方東西都很多，使用頻率低的物品就交給外部收納服務保管。例如生小孩等「不能搬家，但是屬於家人的東西又變多了」的情況，這種方法就相當管用。

One More Advice

夫妻一起討論時，也可能變成大爭吵。如果怎麼樣都無法解決，就請找我們這些整理收納顧問諮詢吧。如果有來自第三者的客觀指點，說不定就能平心靜氣接受整理的規則。

第5章

在你的房間裡也能打造書房

——米田流「精神時光屋」打造法

整理完房子，
總算能開始打造讓人可以專心的房間。
在家辦公、學習的讀者請務必閱讀這一章。
我將介紹如何打造讓人能達到十倍專注的房間。

Method
31

只要1張榻榻米大小就能工作

閱讀時間 4 min

你知道漫畫《七龍珠》裡的「精神時光屋」嗎？

在這個屋子裡，時間的流動比外界還慢，悟空和達爾就在這個什麼都沒有的空間裡，專注於修行。

如果我家也有「精神時光屋」就好了……應該很多人都有這樣的夢想。

「可是，我家實在太小了，哪有什麼辦公空間啦！」

「小孩長大了，我自己的房間也沒了，絕對不可能！」

這樣想的你，請絕對不要放棄！

只要一張榻榻米的空間，就能打造書房。

我可沒有在騙人。

在住宅設計上，

- **有一疊就可以最低限度地**
- **有兩疊就能相當足夠地**
- **有三疊就能很豪華地**

打造書房空間。（編註：一張榻榻米在日本稱之為一疊，日本是以疊為單位來計算房間大小，一疊尺寸為九〇乘以一八〇公分，約等同於台灣的半坪。）

就算沒有專用的房間，**只要有桌椅、小型層櫃，就能做出簡易的書房**。

關於一疊大的書房該如何配置，我參考了一級建築士Tiro先生經營的Sekkei Support公開的圖面，並繪製成下頁的配置圖。

1 疊書房配置圖（單位：mm）

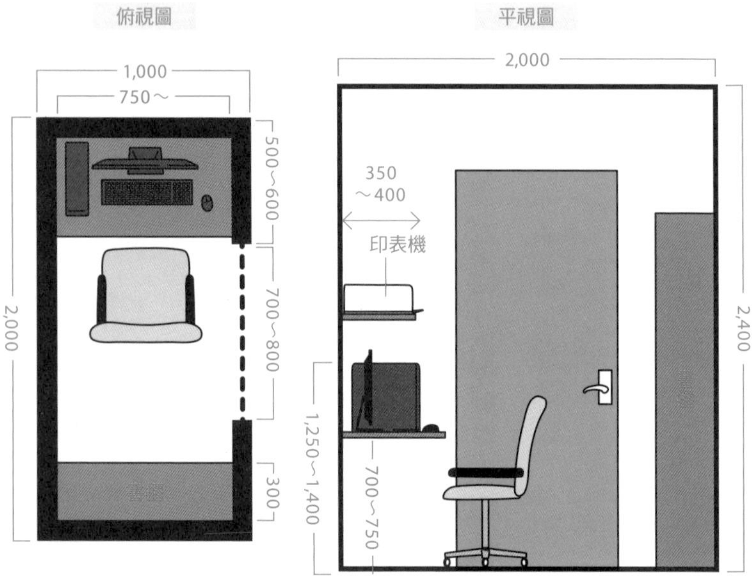

※ 書桌尺寸只需寬 75cm、深 50 ～ 60cm 就足夠。椅子前後移動的範圍，只要保留 70 ～ 80cm 就 OK。根據「Sekkei Support」網頁繪製。

最近在各大車站、購物中心內設置的「TELE CUBE」這類外觀像電話亭的辦公空間，地板面積大概都只有〇．八疊大。順帶一提，TELE CUBE 的個人使用費，十五分鐘就要二五〇日圓。如果能在家中打造同樣的空間就經濟多了。

應該也有很多人會在咖啡店工作，雖然咖啡店給人開放感、寬敞的印象，但據說**一般的咖啡店，平均每坪都會配置兩個座位左右，換算成榻榻米大小，每個座位平均只有〇．九疊**，個人專屬的空間連一疊都不到。

輕鬆創造出一疊的空間

舉凡寢室、客廳、廚房的一角，請先在家中找出一疊大的空間。

一時想不出來也別放棄，只要挪動沒在用的健身器材、搬家以來從沒打開過的紙箱、換季用的衣物收納箱等「現在沒有在用的物品」，應該就能擠出一疊大的空間。

1.6 疊書房配置圖（單位：mm）

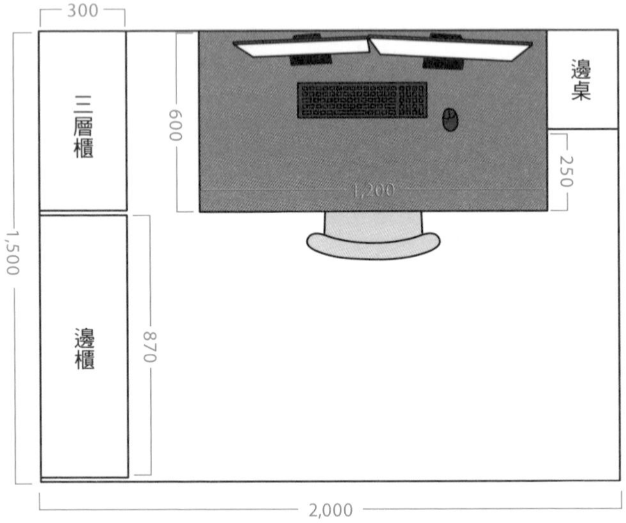

若選擇在客廳等與家人共用的空間裡打造書房時，不妨利用可移動的隔間區分空間。

順帶一提，上頁的插圖是我家的工作區配置圖。因為我把房間的中心作為「工作、學習區」，所以分配了稍寬的一．六疊空間。工作完畢，我會把椅子靠回桌前，坐在地毯上、運動、看電視，讓自己好好地放鬆。

尋找書房空間時，也要同時確認插座的位置。就配置上而言，如果把桌子朝向牆壁或窗戶，工作時不容易被其他人影響，是比較好的選擇。

Method
32

拉出「不讓人輕易搭話」的結界

閱讀時間 3 min

有許多在客廳工作的人，難免會有「家人在面前走來走去，害我分心」「小孩太吵，根本無法專心」的不滿。

這種讀者，我建議可以**在家中打造「聖域」**。

每個人需要多大的個人空間因人而異，但就算是家人，只要闖入自己的個人領域，就會影響專注力。

即便物理上無法增加家中的地板面積，但若能打造專注於工作的「聖域」，心理上也可以感覺到房子好像變大了。

有意識地建置個人領域時，**「地毯」**是個很好的工具。

請在桌子底下鋪地毯，並在周圍留點空間，也可以把家具或植物當成標記。然後事先跟家人約定好「我工作的時候，請不要踏進這一區」。

不過，就算好不容易劃出了聖域，裡頭要是散落著衣服、跟興趣相關的物品，專注力就會被打散。這時可在聖域的入口放個大型衣物籃，並訂下「亂放在聖域裡的東西，總之都先丟進這個籃子裡」的規矩。如此一來，就算遇到很忙的時候，也不用擔心凌亂不堪了。

專心工作前想先在視覺上劃分出個人空間的人，我建議利用伸縮式隔板。價格大概是一萬日圓左右。突然要開線上會議時，家裡的樣子也不會被拍到，相當好用。

讓工作情況可視化

確保空間的同時，也要記得把「什麼時候別跟我說話」可視化。

我在第二章（第111頁）中也提過，工作時如果旁人來搭話，效率就會大幅下降。但從家人的立場來想，如果勉強他們二十四小時都不能發出聲音、跟自己說話，那未免也太難生活了。

把自己的工作內容易懂地「可視化」，就能不造成家人的麻煩，讓大家都過得舒服點。

例如利用色紙，視覺地表現自己的工作情況。

紅色是「線上會議、開會中」。請家人避免在這時候做吸地板、洗衣服等會發出聲音的家事。已經事先定好開始時間的會議，就在早上告訴家人。

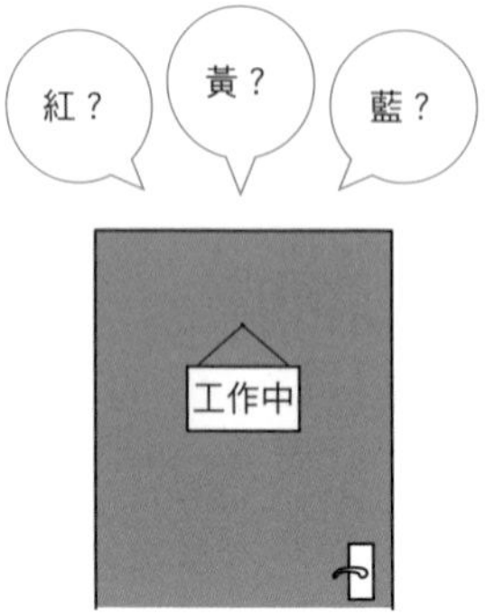

黃色是「正在做需要專注的工作」，請家人不要做跟自己說話，或是看電視等讓人分心的事。

藍色是檢查電子信箱等「正在做簡單的工作」。這段時間可以發出噪音，家人也可以隨意放鬆。就算不用色紙這種物理的方法，也可以利用LINE貼圖等方式，告訴家人現在的工作狀況。

每個家庭的狀況不同，有些人可能也沒有自己的房間。不過就算沒有獨立的房間，靠著「聖域＋事先向家人表達」，也能重現接近個人房的環境。

但如果你是那種「就算狹窄也想在個人房間裡工作」的人，可以從寢室的配置下功夫，思考有沒有辦法空出一疊大的空間，例如有些人會把內嵌式衣櫃當成書房。只要挪動物品，一定可以擠出一疊大的空間！

請不要放棄，挑戰看看吧！

One More Advice

有降噪功能的耳機，不但有益於專注，對家人而言，看了就知道「戴耳機的時候盡量別跟他說話」，是我很推薦的配備。

Method 33

用桌椅的高度預防「燃燒殆盡症候群」

閱讀時間 5 min

「比起在辦公室，在家工作有種長時間上班的感覺，更容易累」

我聽過很多這類的聲音。

許多人的結論是「我果然還是需要跟同事聊天」，**但說不定這只是因為桌子和椅子跟你的座高不合**。

Evidence

登在《產業衛生學》雜誌上的論文〈開放式座位的VDT工作者之姿勢與身體疲勞感，二〇〇六年（※）〉中，揭露了有趣的結果。

在這份研究中，以從事系統工程師職務的人為對象，分成固定座位與開放式座位（沒有固定座位而是自己選擇要坐的位置）兩組，並調查工作時間與壓力、疲勞的

※獨立行政法人產業醫學綜合研究所

關聯性。

結果發現，開放式座位這一組，因為很多人都是用踮腳姿勢工作，除了眼睛、脖子、肩膀的痠痛之外，還會出現長時間工作導致的「精神疲勞」。

這些症狀累積下來，就會造成「燃燒殆盡症候群（Burn Out）」。

燃燒殆盡症候群是指，「明明到剛剛為止都熱心工作的人，突然喪失熱情和動機」的狀態，沒有力氣、沒有感動，也失去了對工作的幹勁和熱情，對人的態度變得敷衍隨便。

這些症候群會發生在任何人身上，但也可以防患於未然，方法就是調整桌椅的高度。

調整桌子和椅子的高度

在前述的研究中，兩組實驗者之間對桌椅有不滿的人數，並無太大差異，所以結論就是「桌椅本身並沒有錯，只因為開放式座位時，人們會懶得細調高度，所以讓腳跟懸空」。

Evidence

你的桌椅高度分別是幾公分呢？

根據日本辦公家具協會（JOIFA）提出的「桌子最適當的高度」，一九七一年是七十公分，一九九九年以後則是七十二公分，因此市售的辦公桌，高度大概都是七十～七十二公分。

不過，這種高度標準，是在以書寫作業為中心的時代訂出的。**以鍵盤作業為主流的現代，應該調低五公分左右**。對身高一六二公分的我而言，七十公分的高度會覺得有點難用。

關於桌子高度的計算方式，可以參考電競家具品牌 Bauhutte 的網站。他們有一個模擬器，只要輸入身高，就會幫你算出最合適的桌椅高度，請一定要看看。（www.bauhutte.jp/bauhutte-life/tip2/）

從桌面高度計算理想座面高的公式

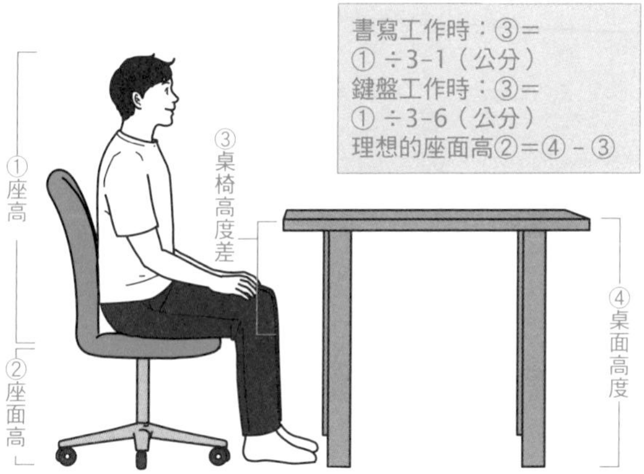

上圖的數據引用自該網站，理想標準應該是「桌椅高度差＝（座高÷3）－6公分」。

我的身高是一六二公分，座高是八十公分，鍵盤工作時，根據模擬器算出的結果，座面高應該是四十公分（桌子高度六十三公分）最為合適。如果是身高一七〇公分的人，適合的高度則是座面高四十二公分（桌子高度六十七公分）。

依照螢幕大小決定桌面深度

「現在要買新的桌椅」的讀者，我推薦買升

降桌跟可以調高度的椅子。但如果現在的桌面高度跟身高不合，也可以用「腳墊」來調整。便宜的只要一千日圓左右就能買到，或者利用家裡的抱枕、棧板來替代。

如果長時間以腳跟懸空的狀態坐著，就會成為腰痛的原因。請調整椅子高度，讓自己就算坐滿也不會踮腳，或是擺上腳墊調整座面高。

順帶一提，我用的是FLEXISPOT的電動升降桌。只要用遙控器，就可以在六十三公分到一二六公分內自由調整高度，我會在需要操作電腦時調到六十四公分、讀教科書時調到七十公分，開會時則會拉到一〇六公分當成立桌。

辦公桌的高度應該以一公分為單位細微調整，但寬度和深度就可以不用那麼講究了。根據JOIFA的數據，桌面寬度一百公分、深度六十～七十公分，是最適合辦公室的配置，不過這僅限於工作空間很寬敞的情況。

如果家裡的工作空間比這個還窄，也很難強求桌面的深度。**如果用小型螢幕或筆電工作，只要有深四十五公分、寬七十公分，就可以有餘裕地作業了**。

平常在辦公室用大型螢幕工作的人，則可依據自己的螢幕尺寸決定桌面深度。我在家是用EIZO的二三・八寸顯示器和筆電的雙螢幕，桌面深度就有六十八公分（請參考第187頁照片）。

One More Advice

腰痛和肩頸痠痛，是居家辦公的大敵。只因為桌子高度差了一公分，就可能大幅降低工作表現。請拿出卷尺，好好測量工作桌椅的高度吧。

Method 34

把好鍵盤當成給自己的獎勵

閱讀時間 3 min

市面上有相當多放在辦公桌上的3C小物，每個人喜歡的種類也因人而異。如果一頭熱地想著要「一口氣買齊所有裝備！」，將會耗費許多精力和金錢。

如果買了太多3C小物，反而會讓桌上用完就丟的物品增加，等於是本末倒置了。

沒有必要一次買齊所有工具。只要一件件添購真的有用的物品就好，買回來發現不合用，就趕快拿上二手網站賣掉。買了新產品的時候，也要把舊型號的讓給別人或賣掉。

我將在下頁介紹我家辦公桌周邊的3C用品，可提供作為參考。

如果不知道要從什麼配備開始添購，我建議可以從每天

提高專注力的最強 3C 產品佈局（以作者為例）

視訊會議用工具

❶麥克風：Anker PowerConf Speaker Phone
❷補光燈：BenQ ScreenBar
❸攝影機：附環狀補光燈的藍牙自拍棒

要長時間接觸的「鍵盤」開始考慮。居家辦公時，用通訊軟體、電子郵件來溝通的時間會變多，所以應該選擇適合自己的鍵盤。

鍵盤的價格，便宜與貴的之間落差很大，但因為是需要長期使用的東西，不妨稍微拼一點，買好一點的產品試試吧。

我在工程師同事介紹下，買了HHKB（Happy Hacking Keyboard）Profession2，一天打一萬字也完全不會累！

One More Advice

需要常開視訊會議的讀者，不妨添購麥克風、補光燈、網路攝影機。選購這類3C小物時，為了讓桌面空間保持寬敞，建議選擇能有效利用空間的產品。像是BenQ的外掛式補光燈，可以卡在螢幕上方，就不會佔用桌面面積，讓桌面保持乾淨，相當好用。利用掛臂讓螢幕懸空也是個好方法。

〔線材的整理術〕

Method 35

俐落整理不斷增加的外接線材

作業時間 5 min

剛開始居家辦公的讀者中，有相當多人反映「**電源線和傳輸線之類的線材實在太多了，很煩！**」。應該有很多人都因為幫電腦、螢幕供電的電源線變多了，而不知該如何管理是好吧？

明明馬上就要開始工作了，眼前突然出現一條不知道用途為何的線材。「這條線的主機是放在哪裡了？」「應該是Wi-Fi路由器的備品吧」一邊這樣自言自語，完全無法集中在工作上。

這都是因為平常隨便管理線材才會發生的事。

現在，就把經常使用的線材，跟其他的線材分開管理吧。

經常會使用的線材，包括螢幕電源線、筆電的變壓器、手機充電線等等。這些線材，可以統一保管在下圖的「線材盒」裡，以防它們纏成一團。

線材表面很容易堆灰塵，要定期擦乾淨。我建議不妨在桌面上裝個理線架或是網片，讓配線懸空收納。

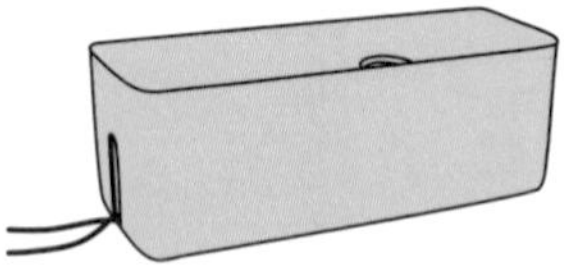

不會每天用到的線材使用小袋子收納

不是每天要用的線材，就依照用途分裝進透明夾鏈袋中，每次用完後立刻拔下插頭，裝回袋子裡（絕對不要用完隨手放不管！）。各類的線材不要混裝在同個袋子裡，而是按照「電腦用品」「相機用品」「手機用品」等用途分裝，再貼上標籤，就更一目瞭然了。

線材收納的好例子與錯誤例子

× 錯誤例子

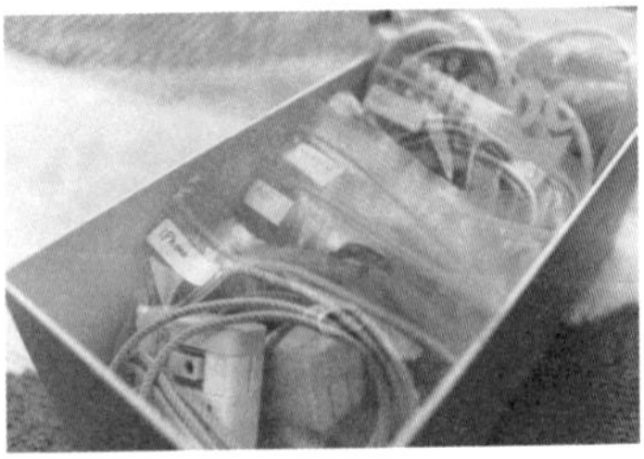

○ 好例子

雖然久久才用一次，但如果是沒有單獨販售的線材，就統一裝在一個袋子裡，收進衣櫃中。那些使用頻率非常低的家電線材，就用膠帶黏在機器上頭，收在同一個位子，就不用擔心會弄丟。

此外，**如果半年內都沒有使用的線材，就請直接處理掉吧**。但若是 Wi-Fi 路由器或是住宅備品這類，租屋時擅自丟掉會有問題的東西，就請先跟房東確認。

電線如果散亂在地板上，就會變成灰塵的溫床，提高火災的風險。請確實分類每天要用的線材與其他線材，清爽地管理吧！

〔線材的整理法〕

STEP1 把每天用的線材跟偶爾用的線材分開

STEP2 每天要用的線材收進線材盒裡

STEP3 偶爾要用的線材分裝進透明夾鏈袋中，要用的時候拿出來，用完物歸原位

STEP4 半年以上都沒在用的線材，就直接丟掉

One More Advice

會在辦公室或自家等多個位置使用線材的人，可以依照線材數量，準備色彩鮮豔的夾子或束帶，把線材綁好後裝進透明夾鏈袋。如此一來，就不用擔心線材會打結，也可以預防弄丟。

〔任務管理〕

Method 36

把冰箱當成家事的任務板

作業時間 2 min

不管再怎麼整理房子，在家辦公的過程中，永遠充斥著誘惑。

特別要注意的是對家事的罪惡感。

如果工作中想起「該洗衣服了」「忘記打電話給區公所了」，專注力馬上就會中斷。

如果想起未完成的家事，**就在物理上輸出它**。

這時「冰箱」就很有用。

我把冰箱當成家事的任務板。將便條紙、磁鐵、筆裝在籃子裡，放在冰箱上頭，想到「買××食材」「洗衣服」「煮白飯」等家事時，就寫上便條紙，貼在冰箱上。我幾個小時就會開一次冰箱，這時就會看到這些便條，不用擔心會忘記。

一旦工作時不小心想到其他的任務，效率就會下降。**請把冰箱當成任務板活用，並學會這個技巧 一一寫下來，並且馬上忘記這件家事**。

不過，我不建議把折價券和鄰里的通知書等任何東西都貼在冰箱上。因為這樣做的話，開關冰箱的時候，就會開始思考這些傳單上面的東西。

冰箱上只能貼最低限度的便條紙。而且要在每天的結束（或是早晨）時回顧一次，並清掉已經完成的工作或不需要的便條。

One More Advice

像是「星期一要丟垃圾」「〇日是女兒的開學典禮」這類，已經決定日期的任務，不妨就排進手機的行事曆，並設定提醒功能。

〔改變佈置〕

Method 37

依照工作內容「微改裝」提升效率

閱讀時間 4 min

如果是正式導入居家辦公的人，每天就必須在家持續專心七小時（長的人甚至要到十二小時）左右。

在辦公室上班的時候，可以藉著切換辦公桌、會議室、休息區等工作空間來轉換心情，但在家卻做不到這點。

沒有人會來跟自己搭話，眼前的景色基本上也都一樣。要像在辦公室時一樣專注並轉換心情，也是有極限的。

為了讓自己在家也能工作得有張有弛，就需要「變化」。

這時不妨就試試看小小地「改裝」吧？

以我為例，我會依照工作內容，如下一頁示意圖般改變環境。

❶處理事務工作時

作會計處理或是寫東西這類需要專心的工作時，我會讓視野內的雜物歸零。盡可能排除桌上的物品，並整理椅子周圍的地板，確保椅子有可以自由挪動的空間。

把桌上零雜物的這個狀態當成「預設值」是相當重要的。

❷處理需要創造力的工作時

處理寫企劃，或是新點子的腦力激盪這類輸出型作業時，我會刻意擺些物品弄亂環境。不妨在視線中擺些相關的書籍資料、放鬆小物、娃娃等「適度的異物」，讓發想更靈活。

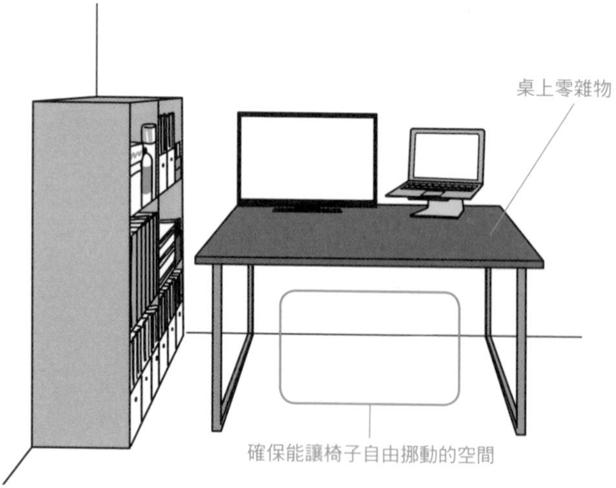

Evidence

明尼蘇達大學的 Kathleen Vohs 教授，也曾發表「散亂的桌面反而能刺激創造力」的研究成果（※）。

專注力與創造力有著相反的部分。專注在一件事上雖然能提升作業效率，但無心地讓思緒馳騁在好幾件事上，反而容易催生新的火花。

重點是，**散亂是「恣意地（刻意地）」為之**。

我個人很喜歡雜貨專賣店 Village Vanguard，也經常去逛。店內乍看一片混亂，其實所有空間安排和精選的貨品，都是為了讓客人開心地享受購物而配置的。

辦公桌也一樣。刻意擺著讓靈感泉湧的原文

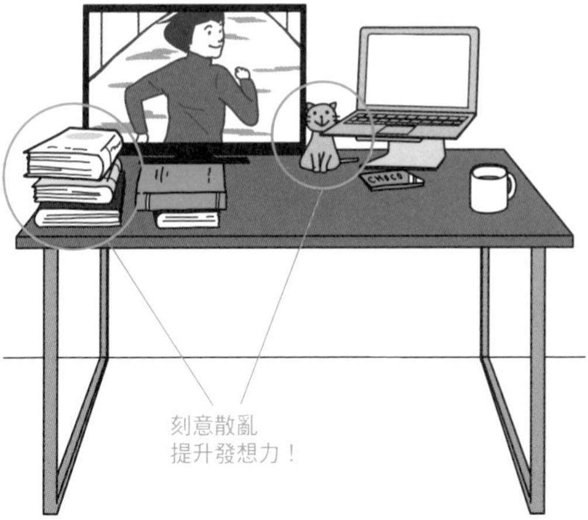

※「A messy desk encourages a creative mind, study finds」American psychological association・October 2013, Vol 44, No.9

書和DM的狀態，跟隨意堆滿讓人想起未完任務的文件的狀態，心裡的舒坦度可說有雲泥之差。

令人舒適的混亂，是需要刻意營造的。

把桌上零雜物的狀態當成預設值，只在要切換到創造力模式時，刻意地配置需要的物品。當需要專心時，再把這些東西收乾淨就好了。

讓人能專注在工作的環境，跟讓人能想出創意點子的環境，這兩者如果都能在自家的辦公桌上實現，真是再棒不過了。首先就從把桌面歸零當成預設狀態，並且自己控制桌面混亂程度開始吧。

❸開線上會議的時候

在Zoom等平台上開視訊會議時，如果畫面的背景是房間，生活狀態就會被人看光光，讓人靜不下心來。雖然Zoom可以自己選擇虛擬背景，但有些會議平台沒有這個功能，要是遇到正式面談的情況，也不適合使用這些活潑的背景。

如果書桌旁邊就是牆壁或窗戶的讀者，**可以把電腦轉九十度。這樣背景就只會拍到牆壁和家飾小物，守住了隱私，讓心裡舒坦許多**。

此外，利用升降桌來隱藏生活感，真是再合適也不過了。如果把桌面升到一二〇公分左右，就算在陽台晾衣服（譯註：日本常用晾衣台晾衣服，高度約及腰）也完全拍不到。而且在開會的一小時內保持站姿是很好的運動，還能防止聽人講話聽到想睡，可謂一石二鳥。

就算無法把桌子換成升降桌，也可以在桌上擺能調節高度的筆電架來取代。請一定要試試

看站立會議。

❹工作煩膩的時候

當在桌上辦公變得很膩的時候，可以「**刻意在奇怪的地方工作**」。雖然這是逼不得已的作法，但對於防止工作刻板化相當有效。以下介紹我常用的幾個方法。

- **把筆電擺在椅子上，坐在地板上工作**
- **把電腦擺在廚房流理台上，站著工作**
- **坐在陽台的園藝椅上工作**

在與平常截然不同的環境下工作，能讓頭腦和心情都保持清爽。不過要記得這只不過是用來轉換心情用的「緊急手段」。持續三十分鐘以上可能會造成肩頸痠痛，請控制在短時間內就好。

對那些沒有旁人盯著就無法專注的人，以下也將介紹幾個對策。

首先請在 YouTube 上搜尋「學習陪伴」「咖啡館背景音」等關鍵字，有相當多適合各種情境的音效。

或者也可以找朋友或同事開著視訊通話，我推薦 Discord 這個 APP，我平常也會使用。據說最近市面上甚至也出現月費制、遠端監視讀書的服務。

One More Advice

浴室其實是相當適合專心的地方。在浴缸裡鋪坐墊，並把浴缸蓋（譯註：日本的浴缸會附有折疊式蓋子）當成桌面，浴室馬上就變成簡便網咖。電子書閱讀器裝上防水套後帶進浴室也很方便，請一定要試試。

Column

Evidence

八成以上的東大學生，都在客廳讀書

你平常有多常「讀書」呢？

工作繁忙的人，應該很難撥出面對書桌好好讀書的時間。我想向這類讀者推薦客廳學習法。

根據《東大腦的培育法》（主婦之友社），實際上有八三％的東京大學學生都在客廳學習。

這真是驚人的數字。負責監修此書的腦科學家瀧敬之表示，「**客廳學習具有消弭讀書和其他事情的界線，讓它變成生活一部分的效果**」。

確實，在真的到「好，開始讀書了！」之前，總

是會常常提不起勁。與其從放鬆狀態逼自己提起勁來開始讀書，不如在放鬆狀態下自然開始學習，更能讓人不勉強地保持專注。只要把這件事變成習慣就行了。

順帶一提，我在準備大學考試時，都是在飯廳和自己的房間這兩個地方讀書。這兩個位置位於一條直線上，所以我可以在飯桌和房間書桌之間往來，感受在廚房做菜的母親的陪伴，開心地讀書而不感到倦怠。

我有些同學是「在補習班的自修室專心讀書，在家就盡情軟爛」，不過如果可以把讀書的習慣融進生活，零碎的時間也能馬上用來專心讀書，更有效率。

無論是客廳還是飯廳，都沒有關係，重要的是讓它成為習慣。你是不是用「家裡太小了」「沒有自己的房間」當藉口，逃避在家工作或讀書呢？能做出成果的人，不會把環境當藉口。從今天開始，就別再把問題都推給環境吧。

尾聲 在自家實現夢想

在我至今為止的人生中，「實現夢想」的地方，都是自己的家裡。

小時候，我很憧憬編劇家的祖父，總會模仿他在桌上擺滿稿紙，一個人寫故事或劇本玩。準備東大的考試、大學的畢業論文時，我最常待的位置，就是自家的書桌前。

考生時代，我每天花十個小時以上，窩在家裡讀書。不可思議的是，即便到了現在，每當我回到老家，坐在當年的書桌前，依舊仍讓幹勁持續好幾個小時。

如果父母買給我的書桌低個兩公分，或許我就沒辦法這麼長時間熱衷於學習了吧。

雙親營造的平和家庭環境，也是讓我成為一個「喜歡家的孩子」的要因。父親常在書房裡讀書，母親則在廚房裡準備料理，或在餐桌上作畫。

出社會以後，那些改變我職涯的靈感和點子，也大多是在我家的浴缸或客廳裡想出來的。我的第一本著書《不丟東西的整理術》（方言文化）、第二本著作（也就是本書），都是在家裡寫完全文的。

「希望米田小姐來教大家以自家工作、學習為前提的『整理方法』」。著手撰寫本書的契機，是PHP研究所的大隅元副總編輯發給我的推特私訊。其實我跟大隅先生只有見過一次面，討論原稿都是用線上會議或Facebook Messenger，採訪朋友時也是在社群媒體上請大家幫忙，最後總算完成了這本書。

我是個路癡，怕熱又怕冷，而且還會暈車，在人多的空間也會非常難受。高處、封閉的地方、黑暗的地方我都很怕。露營這類野外求生的生活，我完全無法適應，但只要在自己家裡，心裡就會常保平靜。科技的進步，讓「在家能做的事」的範圍逐年變廣，我實在很感謝自己生在這麼好的時代。

像是家有幼兒的讀者，或是負責居家長照的讀者，仍有許多我自身的想像難以企及的部分，但為了讓在各式各樣的家庭環境中，「想要專注工作和學習」的讀者都能得到參考，我盡可能在書中傳授打造房間的基礎方法。如果因為本書，能讓各位得到哪怕只有一點點改進「居家辦公、學習」的靈感，都是我莫大的榮幸。

最後，我想要特別感謝以大隅先生為首的PHP研究所的各位，山本憲資先生、清水万稚女士、田中佑佳女士、岡本真由子女士等 Sumally 股份有限公司的各位，協助採訪的各位，以及為我打造滿溢夢想容身處的父母與家弟。

專注力UP！5分鐘居家辦公整理術

房間小也OK！科學方法擺脫雜物干擾，打造不復亂WFH空間，建立超強工作效率

作者米田瑪麗娜 Komeda Marina
譯者哲彥 Tetsuhiko
主編吳佳臻
封面設計羅婕云
內頁美術設計李英娟

發行人何飛鵬
PCH集團生活旅遊事業總經理暨社長李淑霞
總編輯汪雨菁
主編丁奕岑
行銷企畫經理呂妙君
行銷企劃專員許立心

出版公司
墨刻出版股份有限公司
地址：台北市104民生東路二段141號9樓
電話：886-2-2500-7008／傳真：886-2-2500-7796
E-mail：mook_service@hmg.com.tw
發行公司
英屬蓋曼群島商家庭傳媒股份有限公司城邦分公司
城邦讀書花園：www.cite.com.tw
劃撥：19863813／戶名：書虫股份有限公司
香港發行城邦（香港）出版集團有限公司
地址：香港灣仔駱克道193號東超商業中心1樓
電話：852-2508-6231／傳真：852-2578-9337
製版・印刷漾格科技股份有限公司
ISBN978-986-289-601-3・978-986-289-603-7（EPUB）
城邦書號KJ2022 **初版**2021年08月
定價380元
MOOK官網www.mook.com.tw
Facebook粉絲團
MOOK墨刻出版 www.facebook.com/travelmook

Cover illustration by Toshinori YONEMURA
Interior illustrations by Chiharu NIKAIDO
Interior book design by Hisayuki KANAI and Mio TAKAHASHI(TwoThree)
First original Japanese edition published by PHP Institute, Inc., Japan.
Traditional Chinese translation rights arranged with PHP Institute, Inc.
through Bardon-Chinese Media Agency.
This Complex Chinese edition is published by Mook Publications Co., Ltd.

國家圖書館出版品預行編目資料

專注力UP!5分鐘居家辦公整理術：房間小也OK!科學方法擺脫雜物干擾,打造不復亂WFH空間,建立超強工作效率/米田瑪麗娜作；哲彥譯. -- 初版. -- 臺北市：墨刻出版股份有限公司出版：英屬蓋曼群島商家庭傳媒股份有限公司城邦分公司發行, 2021.08
208面；14.8×21公分. -- (SASUGAS ;22)
譯自：集中できないのは、部屋のせい。
ISBN 978-986-289-601-3(平裝)
1.家庭佈置 2.空間設計
422.5　　110011225